春 星

京 春

U0209649

早红不软

早露蟠桃

大红桃

春美桃

晚　蜜

八月脆

明月蟠桃

中油 14 号

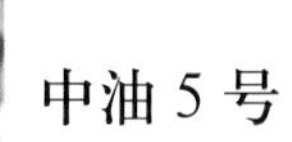

中油 5 号

中油 9 号

中油早 4 号

中农金辉

06-1

硕　密

桃树团状高密栽培新技术

刘振廷　路　露　李振江　编著

金盾出版社 

本书内容包括概述、桃优良品种、桃树育苗、桃园规划设计、桃团状高密栽培、桃高密幼龄园早果早丰技术、成龄园丰产稳产技术、病虫害防治等，通过创新栽培模式及与之配套的创新栽培技术，实现桃早结果、早丰产、果农早受益的目标。本书内容新颖、技术先进实用，适合农村广大果农及承包大户阅读应用，也可供农林院校、果树园艺专业师生阅读参考。

图书在版编目(CIP)数据

桃树团状高密栽培新技术/刘振廷，路　露，李振江编著．—北京：金盾出版社，2016.11

ISBN 978-7-5186-1037-2

Ⅰ.①桃…　Ⅱ.①刘…②路…③李…　Ⅲ.①桃—果树园艺　Ⅳ.①S662.1

中国版本图书馆 CIP 数据核字(2016)第 255399 号

金盾出版社出版、总发行

北京太平路 5 号(地铁万寿路站往南)

邮政编码:100036　电话:68214039　83219215

传真:68276683　网址:www.jdcbs.cn

北京四环科技印刷厂印刷、装订

各地新华书店经销

开本:850×1168 1/32　印张:5　彩页:0.125　字数:90 千字

2016 年 11 月第 1 版第 1 次印刷

印数:1～6 000 册　定价:18.00 元

(凡购买金盾出版社的图书，如有缺页、倒页、脱页者，本社发行部负责调换)

前言

桃汁多味美，色泽艳丽，芳香诱人，自古以来就是人们最喜爱的水果，民间有“仙桃”、“寿桃”等吉祥称号。桃果营养丰富，含有糖、有机酸、无机物和多种维生素，具有较高的营养价值，且易消化吸收。因此，桃树栽培已成为我国及世界各国的主栽果树之一。

随着科技的发展，桃树栽培技术也在不断创新。在栽培模式上经历了稀植大冠、中冠栽培、小冠密植和高密栽培，667 米^2 栽植株数分别为 18～22 株、28～33 株、56～83 株和 100～222 株。在树形整理上，由 3 股 6 杈 12 枝的杯状形，发展成为 3～4 主枝自然开心形，两主枝“Y”形和主干形。栽培模式的变革和与之配套的管理技术，促进了桃树的早结果、早丰产，缩短了结果周期，果农可早期得到效益；特别是高密栽培模式被越来越多的人所认识，并激发了发展密植果园的积极性。因此，高密栽培正在蓬勃兴起，并在逐年扩大种植面积。但是在桃树高密栽培的生长实践中发现了影响质量和树体结构比例失调等问题。如单株树上强下弱问题，下部果实变小问题，结果部位上移问题，果实着色不均、糖度低、口感差等问题。上述问题的存在，与光照不足，对水肥吸收不均匀，整形修剪关键技术未把握住等因素有直接关系。

笔者带着这些问题，进行桃团状栽培试验，并取得了预期效果。首先，改行状栽培为团状栽培，由均匀栽植变为非均匀栽植，团与团之间拉大距离，使树体内膛均可见光。其次，是采取弯曲主干形的整形修剪方法。在树高1.7～1.8米处向外倾斜30°～40°角，把每一团树看成是一棵树，组成高位开心形树形，使阳光从每一团树的顶端中间射入。再次，推广应用水肥一体化的地下管理模式。在树团中间和树团外围定点挖施肥穴，在穴内施基肥、追肥和浇水，使大量的吸收根生长在营养穴中，增加吸收根的密度和数量，可解决行状栽植，株距太近、根系无生长空间的问题。同时，提高了水肥利用率，实现了节水灌溉。

目前，团状高密栽培还没有完成从栽植至盛果期再至衰老期的全周期过程，所以在生产中难免会有这样或那样的问题，还需要在生产实践中继续探索、创新和完善，尽快将这一创新模式发扬光大，造福于广大果农。本书在编写过程中难免存在问题与不足之处，恳请读者批评指正。

编 著 者

目 录

第一章　概　述

第一节　桃的经济价值与市场前景

一、营养价值

桃果汁多味美、色泽艳丽、具有独特的风味，自古以来就是人们最喜爱的水果，有“寿桃之称”。桃果实营养丰富，含有糖（果糖、葡萄糖、蔗糖等）、有机酸（苹果酸、酒石酸、柠檬酸等）、矿物质（钾、钙）和多种维生素。据何水涛、王志强、陈汉杰编著《桃优质丰产栽培技术》书中介绍，桃每100克鲜果中，其热量为125.4～154.7焦，一般含水分88～90克、蛋白质0.4～0.8克、脂类物质0.1～0.5克、碳水化合物7～15克、有机酸0.2～0.9克、钙3～5毫克、锌100～130毫克、维生素C 3～5毫克、维生素B_1 0.01～0.02毫克、维生素B_2 0.2毫克、类胡萝卜素1 180毫克。桃果人体易于消化吸收，由于含有食用纤维等物质，可防止便秘、降低血的酸化度，预防癌症的发生，具有较好的食疗作用。桃的叶、茎、根、花、仁等均可入药。除鲜食外，还可加工成果汁、果干、果酱、罐头、点心、果脯等。

二、市场前景

桃原产于我国的西北地区，经中亚、西亚传到伊朗，然后传到地中海沿岸及欧洲各国，再由欧洲传播到美国、澳大利亚、南非等国，是世界人民喜爱的水果之一。目前我国桃树栽培面积居世界第一位，随着中国经济的快速发展和人民生活水平的大幅度提高，桃在我国农业高效益栽培中将占越来越重要的地位。尽管桃的总面积和总产量都占世界首位，但与发达国家相比，我国桃品种的改良、生产栽培水平还存在相当大的差距，我国绝大多数的桃园尚未实现优质、高效栽培。这就需要广大的科技工作者在今后的栽培过程中选择好优良的品种、改善栽培模式、提高管理水平、实现早果早丰、优质高效的目标。

三、坚定信念

在回顾改革开放 30 多年来桃树发展的历程，已经历了两次大起大落的情景。第一次是在 20 世纪 80 年代末，大面积的桃园因价格低卖不出去而刨掉了。第二次是在 2005 年前后，大面积的桃、杏、梨园毁掉。毁树的主要原因是目光短浅，没有长远的计划，仍然束缚在“小农经济”的传统观念中。桃树是多年生果树，只有建立在长远计划的基础上，才会获得更大的经济利益。因此，我们必须从惨痛的教训中清醒过来，树立起发展桃树、高标准管理、持之以恒的坚定信念。必须从根本上解决“桃涨价就栽树、桃降价就刨树”的急功近利的思想观念。

在坚定信念的基础上，还需要把好脉搏。比如在品种上一是要选择果个大、风味好、极丰产、耐运输的品种；二是选择成熟期比较早、好销售、价格稳定持续时间长的品种。在栽培模式上，应选择高密栽培模式、当年春季栽树翌年卖桃、缩短周期。在管理技术上应生产优质果品，如无公害果品、绿色果品，向有机果品生产发展，提高竞争力和经济效益。如遇到价格低的年份应冷静对待，学会耐寂寞，树立坚持长期经营的信念。

第二节 桃生长发育特性与对环境条件的要求

一、根 系

（一）根的作用

根系的主要功能是吸收土壤中的水分和养分，制造、合成和运输营养物质，贮藏光合产物，支撑树体。

（二）根系分布

根系的水平分布一般与树冠冠径相近或略远，新根一般集中分布在树冠的新梢下（树冠外围）。桃树根系的垂直分布一般在10～60厘米的土层中。与其他果树比较，桃树根系分布较浅。砧木不同根系分布有所区别，毛桃、山桃分布深，李砧、毛樱桃砧分布浅；实生砧分布深，扦插、组培无性繁殖的根系分布浅。

（三）根系与温度

根系在0℃以上能同化氮素，5℃以上可产生新根，7℃时向上运输营养物质，20℃～25℃时为根系生长的适宜温度；当土壤温度达到26℃以上时，根系减缓或停止生长。地温降至11℃时，根系生长停止。

（四）根系生长高峰

在华北地区，新根的发生有三次高峰。第一次为5月下旬，第二次为6月下旬，第三次为9月下旬。根系在伸长生长的同时也在加粗生长，桃树的骨干根系在秋季有一次迅速加粗生长的过程。

二、树　冠

树冠是由主干及枝叶组成，是桃果的载体。桃树为小乔木，依品种的枝条特性可分为下垂型（垂枝桃）、开张型、半开张型和直立型（龙柱桃）；依树冠大小分矮化型（寿星桃）、半矮化型（中油14号）、乔化型（肥城桃）。桃幼树生长快、发枝多、容易早期结果和丰产。一般2～3年结果、5年进入盛果期。在密植和化控条件下，桃苗栽后15个月即可结果。桃树寿命较短，在北方一般20～25年，管理较好的可维持30年。桃树潜伏芽寿命短，2年生以上的枝如肥水不足和修剪不当，常造成上强下弱，下部和内膛枝光秃死亡，严重影响产量。

三、芽、叶、枝

(一)芽

桃芽按性质可分为3类:花芽、叶芽和潜伏芽。

1. 花芽 翌年能开花结果的芽。花芽一般为1～3个与叶芽并生排列,也有单花芽着生的。花芽的质量影响到翌年的坐果率及果实大小,花芽直径越大,茸毛越多,花芽的质量就越好。花芽的质量主要受树体上一年和当年储藏营养的影响。

2. 叶芽 着生枝条顶端及叶腋处,萌发后抽生枝叶,桃的新梢顶端一般为叶芽。在生长势强的新梢上,其叶芽无鳞片、随新梢迅速生长而自然萌发。此类芽为桃树的早熟性芽,是萌发副梢的生物学基础。

3. 潜伏芽 在枝条上肉眼看不到的芽称潜伏芽。重剪可刺激潜伏芽萌发。其寿命与品种和管理好坏有关。

(二)叶

叶片是光合作用的场所。它能通过叶背面气孔吸收空气中的二氧化碳和从根系中运输来的水作原料,在叶绿素的作用下,利用太阳的能量,生产碳氢化合物(糖类),再将碳氢化合物与其他物质合成氨基酸、核酸、蛋白质、脂类、维生素、激素等物质,以促进细胞分裂和能量转化。

（三）枝

1. 枝的种类 桃枝按功能种类可分为生长枝和结果枝两大类。生长枝按生长势可分为徒长枝（生长达 60 厘米以上过旺而不充实的枝条）、发育枝（生长势中等，枝粗 1～2 厘米，枝条有副梢，较充实）和单芽枝（极短，长 1 厘米以下，只有 1 个顶生叶芽），萌发时只能形成叶丛，不能结果。

桃的结果枝可分为 5 类：①徒长性果枝，长 60 厘米以上，粗 1.1～1.5 厘米，有少量副梢。②长果枝，枝长 30～59 厘米，粗 0.5～1 厘米，一般无副梢。③中果枝，枝长15～29 厘米，粗 0.3～0.5 厘米，无副梢。④短果枝，枝长 5～14 厘米，粗 0.3～0.5 厘米，较短。⑤花束状果枝，枝长等于或小于 5 厘米，极短，花簇生。

北方品种群中的肥城桃、深州蜜桃、五月鲜桃、中华寿桃等以短果枝为主。南方品种群中的大久保、砂子早生、蟠桃等以长果枝为主。幼树长果枝比例大，盛果期树短果枝比例增加。

2. 枝的生长 桃的叶芽萌发展叶后，需经过 7～10 天的叶簇期，生长缓慢。在开花后 10 天左右，新梢开始迅速生长，6 月中旬完全停长。生长势强的新梢，6 月下旬才减缓生长，8 月份才停长。在新梢迅速生长过程中，一次梢的腋芽萌发以形成 2～3 次副梢。

3. 枝条休眠 花芽形成良好而又充实的枝条，在冬

季有较强的抵抗力，遇到低温(7.2℃以下)时能自发进入休眠。一般桃树需要600～1 200个低温单位。桃低温休眠需求量不够时，表现出开花不整齐、枯枝、死芽等现象。

四、开花结果

开花是花芽膨大后，经露萼期、露瓣期、初花期、盛花期、落花期的过程。大花品种(蔷薇型)一般花瓣中间为红色，边缘为淡红色。小花品种(铃型花)一般花瓣中间为淡红色，外缘红色。开花早晚主要与开花前的积温和湿度有关。温度高、湿度低，则开花早；反之，温度低、湿度高，则开花晚。花开一般持续1周左右，12℃～14℃为适宜授粉温度。开花后1～2天内柱头分泌物最多，是授粉最适宜时期，柱头授粉有效期为3～5天，授粉发芽的最低温度是10℃以上。高温25℃～30℃、抑制花粉发育，降低花粉发芽率。开花授粉2天后，花粉管快速伸长，达到花柱的中央，随后穿过珠孔受精，开花后11～13天在胚囊中与卵细胞结合，从开花到受精需要12～14天的时间。显然花粉管的伸长与温度有关。生产上常配置授粉树以利于稳定和提高产量。

五、果实发育与成熟

授粉受精后，子房开始膨大，即果实开始生长发育。果实的生长发育可分为两个阶段。

(一)细胞分裂期

开花后 2～4 周(1 个月内)是细胞分裂旺盛、细胞数量急骤增加的时期，此后细胞分裂减缓或停止。上一年秋季积累的营养多少，直接影响到花芽质量和细胞分裂数量，如果树体储藏营养不足，就会造成结果率低、细胞数少，果个变小。反之，则果个大。

(二)细胞膨大期

又分 3 个生长发育阶段。第一阶段(第一期)花后 50 天左右，一般在 5 月下旬左右，此时细胞边分裂边膨大，体积重量迅速增长。第二阶段(第二期)是缓慢生长期(硬核期)，此时为核的硬化、核胚的发育时期，果实增长缓慢。此期早熟品种 1～2 周，中熟品种 4～5 周，晚熟品种 6～7 周。第三阶段(第三期)，从硬核后到成熟时的快速膨大期。早熟品种因硬核期短，胚不能发育成熟就进入了第三期，所以种子发芽率低，裂核多，极早熟品种，核还没有硬化，果已成熟，所以农民称为“软核桃”。此期在果实成熟前 2～3 周增长最快，此期果实重量增加占总重量的 50％～70％，果肉厚度增加，果面丰满，底色明显改变，果实着色快，硬度下降。

六、对环境条件的要求

桃原产我国西北地区，经长期演化和培育形成南方品种群、北方品种群和华南品种群。我国将其列为温带

树种，限制北移的主要因子是冬季低温，制约南移的主要因子是冬季低温的需求量。

（一）温　度

研究数据证明，桃树冬季休眠期遭受冻害的低温为－25℃～23℃，根系受冻害温度为－12℃～10℃，花芽能耐－18℃低温，未开放的花蕾能耐－4℃～－3℃低温，已松开的花蕾能耐－2.8℃低温，花瓣－1.1℃即受冻害，－2℃会全部冻死。因此－1℃是花和幼果的临界值。桃适宜温度：北方品种群8℃～14℃，南方品种群8℃～17℃，需冷量范围在500～1 200小时。枝叶生长适宜温度为18℃～23℃。果实生长期平均温度18℃以下时品质较差。月平均温度25℃左右时产量高、质量好。果实膨大期适宜温度25℃～30℃，成熟期为28℃～30℃，昼夜温差大，果实风味好。

（二）光　照

桃树是喜光树种，对光照不足极为敏感。年日照时数超过1 600小时的地区，生长结果正常。在光照不足的条件下（如连阴雨天、枝量过密等）会造成枝条徒长，小枝枯死和内膛光秃。北方品种群一般要求树冠中下部的相对光照30%以上。因此，夏季疏枝、扭梢可控制旺长，增加透光率。桃叶光合作用比较强，露地条件下，光饱和点为3万～4万勒。一般晴天光照为6万～10万勒，阴天为3万～8万勒。因此，有时枝干向阳面因日光直射，造成

高温而发生日灼危害。

（三）降水和风

1. 降水 桃根系抗旱性强，土壤中含水量达20%～40%，根系生长很好。但桃根系耐水性弱，淹水1～3天就发生落叶甚至死亡。适量降雨和旱时适量浇水有利于桃树果实和新梢生长。

2. 风 微风有利于叶片的光合作用和树体的养分积累。大风会造成落果和病害的传播。一般果园周围要设防护林或防护墙。

（四）土　壤

桃对土壤要求不十分严格，一般土壤均能种植，排水良好、土层深厚的沙壤土最佳。沙地桃根系易患根结线虫和根癌病；黏土通气差，易患树体流胶病、颈腐病。

桃根系对土壤氧气敏感，土壤含氧10%～15%时，地上部生长正常；10%时生长较差；5%～7%时，根系生长不良，新根少，新梢生长受阻。pH 7.5以上易产生缺素症状（缺磷、钙、锰、镁、铁、锌、硼等）。

桃根系在土壤含盐量达0.08%～0.1%时，可生长正常；达0.2%时，表现出叶片黄化、焦叶、枯枝、落叶和死树的盐害症状。在黏重土地和盐碱地上栽植桃树应在改良土壤上下功夫。

第二章　桃主要栽培品种

第一节　毛桃类优良品种

一、春　星

树势强健，半开张。平均单果重 145 克，最大果重 240 克。果面全红，风味甜，自花结实，丰产性好。在河北邯郸地区 6 月上中旬成熟，是一个大果型、极早熟的桃新品种。市场售价高，发展潜力大，可露地和大棚栽培。

二、京　春

北京市农林科学院林果研究所育成。树姿半开张，树势中庸，复花芽多，长、中、短果枝均能结果。花粉量大，自花结实，丰产、稳产。果实近圆形，平均单果重 113 克，最大果重 150 克，果顶圆、平，果肉白色、硬溶质，味甜，完熟后柔软多汁，可溶性固形物含量 10%左右，黏核。在河北邯郸地区 6 月上中旬成熟，可露地和大棚栽培。

三、早红不软

红不软桃的芽变品种，果肉硬溶质，果实成熟时全红，挂树 15～20 天不软不落。平均单果重 160 克，最大果重 300 克。花粉量大，自花结实，极丰产、早果性好，当年苗木即可成花。果肉脆甜，耐长途运输，在河北邯郸地区 6 月中旬成熟，适宜规模化种植，是一个具有发展前途的早熟品种，可露地和大棚栽培。

四、早露蟠桃

北京市农林科学院林果研究所育成。树势中庸，树姿较开张，复花芽多，各类果枝均能结果。花粉量大，自花结实，极丰产。果实扁圆形，平均单果重 85 克，最大果重 124 克。味浓甜、有香气，可溶性固形物含量 9%～10%，品质优，黏核，在河北邯郸地区 6 月中旬成熟。适宜露地和大棚栽培。

五、美　味

果实底色白，果面浓红色，果肉细嫩，味香甜，品质上乘。平均单果重 180 克，最大果重 320 克，极易成花，极丰产，在河北邯郸地区 6 月下旬成熟。比早凤王略早，但比早凤王丰产稳产，收益高。是一个综合性状优良的早熟品种。适宜露地和大棚栽培。

六、大红桃

树势中庸，树姿开张，生长旺盛，极易成花，复花芽多，各类枝均能结果。花粉量大，自花结实，连年丰产、稳产。果实大型，平均单果重 280 克，最大果重 500 克以上。果面全红，茸毛少，外观美、果肉白色，近核处有红晕，离

核，可溶性固形物含量11%～13%，硬溶质，汁液中等，在河北邯郸地区7月上中旬成熟，成熟后挂树20天不软不落，极耐运输。是一个可规模化发展的早中熟优良品种。可露地栽培，也可大棚栽培。

七、春美（突围桃）

中国农业科学院郑州果树研究所育成。树势强健，树姿半开张，易成花，复花芽多，各类果枝均能结果。花粉量大，自花结实，丰产性好。平均单果重200克，最大果重320克，果圆形、顶平，硬溶质，味甜。耐运输，货架期长达15天以上。在河北邯郸地区6月下旬成熟，是一个有发展前途的早中熟优良品种，可规模种植。适宜露地和大棚栽培。

八、八月脆（北京33）

北京市农林科学院林果研究所育成。树势强健，树姿半开张，果实近圆形。平均单果重210克，最大果重380克以上。果皮底色黄白，阳面部分鲜红色或紫红色，茸毛较少。果肉白色，硬溶质，汁液中等，风味甜，可溶性固形物含量10%～13%，品质优，黏核。在河北邯郸地区9月初成熟，是一个优良的中晚熟品种，果个大，耐贮运，可适量发展。

九、晚　蜜

北京市农林科学院林果研究所育成。树势强健，树姿半开张，树冠较大，各类果枝均能结果。果实近圆形，平均单果重 210 克，最大果重 450 克以上。果皮底色绿白色至黄色，果面 1/2 以上着紫红色。果肉白色，硬溶质，风味甜，可溶性固形物含量 12%～16%，品质优，黏核。在河北邯郸地区 9 月中下旬成熟，果实耐贮运，是一个优良的晚熟品种。

十、中华寿桃

山东省的地方品种，别名霜红蜜、红雪桃、王母仙桃、中华圣桃。树势强健，树姿较直立，幼树生长旺盛，萌芽率高，成枝力强，复花芽多，极易成花，各类果枝均能结果，但以中短果枝结果为好。花粉多，自花结实力强。果实大，平均单果重 380 克，最大果重 800 克以上。果实近圆形，果顶微尖。果皮底色黄绿，果面鲜红色或紫红色。果肉白色，近核处紫红色，肉质细密，汁液中多，风味浓甜，可溶性固形物含量 18%～20%，品质佳，黏核。在河北邯郸地区 10 月中下旬成熟，有裂果，需套袋，是一个品质优良的极晚熟品种，在北方地区可适量发展。

第二节 油桃类优良品种

一、明月油蟠桃

树势中庸，树姿半开张，复花芽多，各类果枝均能结果。平均单果重 80 克，果面全红，果肉白色，硬溶质，果实含糖量 16.5%左右，是国内外含糖量最高，成熟最早的甜油蟠桃。在河北邯郸地区 5 月底至 6 月初成熟，为极早熟品种。适宜露地和大棚栽培。

二、中油 14 号

中国农业科学院郑州果树研究所育成。树势中庸，树姿开张，枝节间短，属半短枝型。平均单果重 180 克，最大果重 240 克。果个大小均匀，果面光洁，果肉白色，风味甜，品质优，硬溶质，成熟果挂树 15 天不落不软，适合长途运输，货架期长。在河北邯郸地区 6 月上中旬成熟，是一个适宜密植的早熟油桃新品种。可露地和大棚栽培。

三、中油 5 号

中国农业科学院郑州果树研究所育成。树势强健，树姿半开张，花芽易形成，复花芽多，各类果枝均可结果。平均单果重 160 克，最大果重 260 克。果圆形，果顶平，果面全红，果肉白色，硬溶质。味甜、质优、耐长途运输。在

河北邯郸地区 6 月中旬成熟。该品种花粉量大，自花结实，丰产稳产，可规模发展。适宜露地和大棚栽培。

四、中油 9 号

中国农业科学院郑州果树研究所育成。树势强健，树姿半开张，复花芽多，花粉量大，自花结实，各类果枝均可结果。平均单果重 160 克，最大果重 250 克。果卵圆形，果顶微尖，果面红色，果肉白色，硬溶质。味甜、质优、耐运输。在河北邯郸地区 6 月中旬成熟。适宜露地和大棚栽培。

五、中油早 4 号

该品种为中油 4 号的芽变品种，比中油 4 号早熟 7 天左右，保持了中油 4 号优质、硬溶质、极丰产、耐贮运的特点。平均单果重 160 克，最大果重 260 克。果顶尖圆，缝合线浅。果皮底色黄，果面全红，果肉橙黄色。肉质细，风味甜，可溶性固形物含量 12%，黏核。在河北邯郸地区 6 月中旬成熟。适宜露地和大棚栽培。

六、中农金辉(12-6)

亲本为瑞光 2 号和阿姆肯人工杂交后用胚培养育成的油桃新品种。果实椭圆形，果顶圆凸，平均单果重 173 克，最大果重 252 克。底色黄，果面鲜红亮丽，果肉橙黄，硬溶质，汁液多，风味甜，可溶性固形物含量 12%～14%，有香味，黏核。在河北邯郸地区 6 月下旬成熟。需冷量

650 小时左右。易成花，花粉量大，自花结实，坐果率高。是一个最新培养的优良品种，引种试栽后再扩大种植规模。

七、06-1 油桃

树势强健，树姿半开张，各类果枝均可结果。平均单果重 160 克，最大果重 300 克。果形圆正，形似苹果，果面全红，果肉酥脆浓甜，口感好，在河北邯郸地区 6 月中旬成熟，与其他同期成熟油桃比较，它具有果形美、果个大、口感好、硬溶质、耐运输等特点，而成为市场抢手油桃，供不应求。技术管理水平要求较高。适宜露地和大棚栽培。

八、硕 蜜

树势强健，树姿半开张，花芽易形成，复花芽多。平均单果重 200 克，最大果重 400 克。果面全红，漂亮美观，果肉酥脆，风味浓甜，品质上乘。花粉量大，自花结实，极丰产。在河北邯郸地区 7 月上旬成熟，正值市场缺少油桃的空挡期，市场售价高。是一个可规模发展的大果型油桃优良品种。

九、澳洲秋红

河北省邢台县林业局通过“澳援”项目引进的油桃品种。树势强健，树姿半开张，生长旺盛。平均单果重 200 克，最大果重 350 克。果皮底色黄，果面鲜红，果形圆正，果肉橙黄色，硬溶质，风味浓甜，汁液中多。在河北邯郸地区9月上中旬成熟，成熟果挂树10～15天不软不落，耐运输，是供应“国庆”、“中秋”双节的大果型优质油桃品种。

第三节 怎样选择优良品种

一、什么是优良品种

简单而言，经过选种、引种、杂交育种等遗传育种手段而获得的种苗，再经试种、组织专家鉴定而获得的品种；这些优良品种在示范、推广、规模种植连年获得较高效益的为推广优良品种。具体而言，优良品种应具备以下4个方面：

（一）丰产性好

无论什么树种，什么品种，丰产是基础，只有达到较高的产量，才能获得较高的效益。果实品种再好，如果产量上不去，仍不能得到较高的效益，这样的品种品质好也不能算是优良品种。桃在盛果期应达到3 000～4 000千克/667米^2。连续几年每667米^{2}产量达到3 000千克的可视为优良品种的一个首要条件。

（二）果实品质好

果实品质分为外在品质和内在品质。所谓外在品质

好是指果形端正、果个较大，果皮上色面大且颜色鲜艳等指标；内在品质是指果肉细脆、硬溶质且风味好、含糖量较高，如极早熟品质应达到9％～10％，早熟品种应达到10％～11％，中晚熟品种应达到11％～13％，极晚熟品种应达到14％以上。综合外在品质和内在品质，各项指标占有较多者为品质优良的品种。

（三）耐贮运性

耐贮运性是与一个品种销售的距离、销售范围关系密切。与销售价格、果农收入密切相关。不耐贮运的品种，果成熟后只能近距离小范围销售，限制了销售时间和销售范围，制约了果品价格。耐贮运的品种，销售距离远，销售覆盖面积大而拓宽了销售渠道、延长了销售时间，也为规模种植提供了空间。因此耐贮运性是销售量和销售价格的关键因素。

（四）果实成熟期

桃按成熟期可分为极早熟、早熟、中晚熟、极晚熟四个成熟期，从5月中下旬至10月下旬都有桃果成熟。但在不同的成熟期，对桃果的销售数量和销售价格影响很大。因此，在每一个成熟期都需要把成熟的其他水果和瓜果考虑进去，瓜果成熟期、数量要比水果量大得多，使水果销售受到限制。所以，在选择不同成熟期的品种时应避开瓜果大量上市的高峰期，插空挡选品种。

二、怎样选择优良品种

(一)考虑品种的综合优良性状

每一个品种都不可能十全十美,但是要根据当地的具体实际,有利于果品销售和较高效益的主要指标作为选择对象。例如,河北省魏县的大红桃(红不软)成熟期在7月上中旬,它具有果个大、上色好、外观美、极丰产、耐贮运等优良特性,但品质属于中上,虽然不属于上或极上,但也仍属于优良品种。因为它经得起实践的检验,在该县大面积发展的情况下,市场行情仍看好。

(二)考虑发展前景和发展趋势

一个优良品种的发展前景与品种的综合优良性状和环境等有关。如在大城市和较大城市郊区发展桃园,就应把果实品质优良放在第一位。果个大、颜色好、含糖量高、风味极佳的品种为首选,也可利用区位优势发展采摘果园、观光果园以谋更高效益。在中小城市周围发展果园,应选择品质较优、较丰产的品种。在广大农村大规模发展果园,应选择丰产性好、耐贮运、品质较优的品种。

桃的发展趋势是随着社会的发展进步,人们生活水平、生活质量逐步提高而确定的。今年你选择的新品种要考虑到10～15年内还有没有竞争力。这就要求在选择品种时要把果品质量逐步提升,除加强管理外,还要注意选择果实品质较好的品种。

（三）要注重市场行情评估与分析

市场行情与果农的经济效益密切相关。市场的销售量来源于人们对桃果的消费需求，每一年的销售量是相对稳定的，只是在一年内不同的季节销售量有一定的差别。在不同的年份，不同的季节，桃果的价格是不断变化的，当桃树栽培面积小、产量低时，不能满足市场销售的需求，销售价格就会上涨，果农的收入就会大幅度增加。反之，桃树栽培面积过大，总产量超过了需求量，就会造成滞销和价格下降，果农的收入将明显减少。

怎样才能稳定果农的收入，把风险压到最低，就需要对市场行情做出正确的评估。一是要走出去参观学习、调查研究。对品种选择、发展规模、几年来的销售情况等进行深入细致的调查，取人之长，补己之短。切忌把自己关在笼子里，只知自己的小天地，要去掉对自己过于自信的思想，以免对市场行情产生误判。二是要常与科研单位联系，亲临科研单位向专家教授请教、咨询。他们对全国桃树的栽培现状、发展趋势了解比较全面，对哪些品种发展前景广阔，哪些品种不能再继续发展等问题的评估是比较准确的。三是对自己栽培的品种长期未得到较高经济效益、思想上产生自卑感的果农，更应该总结经验教训，找出问题的症结。如是品种上出的问题，那就果断采取措施选择优良品种改接换头，或者重建新品种果园，采取高密栽培的方法，尽快扭转被动局面。

(四)要重视良种良法的统一

优良品种加上配套管理技术才能实现优质高产、高效的目标。如果有了良种,没有与之配套的良法栽培,也不可能达到优质高产、高效的目标。有了优良品种只是打好了基础,再通过先进的技术管理和辛勤劳动才能实现高效益。目前,良法栽培管理趋向于密植栽培、团状栽培模式,主干形整形,对幼树采取前促后控措施,第一年栽树、第二年形成一定产量,实现早果早丰、早受益,大大缩短结果周期。因此,良种与良法的统一在桃树栽培上更能表现出它的优越性。

第三章　桃优良苗木的培育

第一节　砧　木

一、毛　桃

我国南北方的主要砧木之一。主要分布在西北、华北、西南、华中等地的山区丘陵地带。为小乔木，果实小，嫁接亲和力强，根系发达，生长旺盛，抗寒、抗旱能力均强。适宜南、北方的气候条件和土壤条件，南、北方各省广泛使用。毛桃种核较大，长扁圆形，核上有点圆相间的沟纹。在北方多采用山东青州桃核和新疆桃核。青州桃核加工品干净无杂质，核小，每千克440余粒，双仁率高。新疆桃核加工不干净，杂质较多，核粒较大，每千克260粒左右。播种时需加大量，但新疆桃核播种后出苗率高，幼苗生长旺盛，是培养速成苗的好砧木种子。其他地方生产的毛桃种子，可根据当地的习惯和使用效果来选择。

二、山　桃

为我国北方桃产区的主要砧木之一，适宜干旱、冷凉气候，不适宜南方高温、多湿气候，在南方栽培表现出产量低、结果不良。与品种桃嫁接亲和力好，生长健壮，抗

寒、抗旱能力强。山桃为小乔木、枝条细长，主根大而深，侧根少。与毛桃相比，山桃种子较小，为圆形。果面有沟纹和点纹。苗木皮薄，嫁接时不好操作，嫁接苗生长量不如毛桃嫁接苗。但山桃嫁接的品种桃苗早果性优于毛桃砧木苗，适宜发展高密栽培的桃园选用。

三、品种桃实生苗

在桃栽培区，常有人把食用桃的核收集起来育苗，再嫁接品种发展桃园。品种桃核育苗，在苗期表现生长正常，有些品种比毛桃苗生长量大。但不同的品种桃核育苗，生长量有明显差别。因此，在采用品种桃核育苗时必须用单一的品种桃核育苗，不要用多品种混杂的桃核育苗，避免桃苗生长高低不整齐、大苗压小苗的现象。

第二节　嫁接苗的培育

一、砧木苗的培育

(一)种子沙藏

毛桃种子需在5℃以下低温的环境中沙藏100天左右，翌年才能正常发芽生长。沙藏种子一般在11月底以前进行，在房前屋后或田间阴凉处，挖宽1米、深0.4米的沟，长度根据种子多少而定。沙藏沟挖好后，将桃核用清水浸泡3～4天，与湿沙拌均匀，一般沙藏桃核与沙的体

积比为1∶2～3,即1份种子2～3份粗沙。然后填于沟内,上覆盖10～15厘米的湿沙土,以保持沙藏湿度。沙藏100天左右时,大部分种子发芽,3月下旬至4月上旬是最佳播种期,应抓紧整地播种。选芽播种后还剩余少部分未发芽的种子,可用100毫克/升赤霉素溶液浸泡种子24小时再播种,可促进种子发芽。

在育苗的实践过程中往往有许多具体问题需要提前考虑,找出解决办法,以免造成育苗失败。如计划育苗的面积有0.667公顷(10亩),现有空闲地(已出圃)0.267公顷(4亩),另有0.4公顷(6亩)是计划出圃的苗圃地,春季销售顺利能按时整地播种,如苗木销不出去,种子沙藏已发芽,无地播种,而造成种子浪费;还有苗木销售时间过晚,错过最佳播种期,而且种芽过长,会影响成活率,达不到每667米^{2}应育苗株数造成土地浪费,效益减少。类似这样的问题,可采取冬季播种的办法。按照育苗总面积加大播种量,为明春苗木销售后计划育苗地培育出小苗,用移栽小苗的方法解决育苗问题。具体方法是:即在树木落叶期土地冻结前把现有的空闲地施基肥整地,把种子浸泡3～4天后播种,然后及时浇大水,隔15～20天再浇一次封冻水,第二年春季出苗率也很高。秋、冬季播种经过一冬天的低温休眠,代替了沙藏休眠。

(二)整　地

桃树育苗不能重茬连作,避免引起桃砧根癌病和根

结线虫的大量发生。选未育桃苗地施基肥 3～4 吨/667 米^2，含氮、磷、钾各 15%的复合肥 80 千克/667 米^2，均匀撒入田间，接着耕翻、整平，做畦，待播种。

（三）播　种

每 667 米^2 需种量毛桃为 80 千克左右，山桃 50 千克左右，可育成苗 1.2 万～1.5 万株。3 月下旬至 4 月上旬，将已发芽的种子按行距 15～30 厘米（大、小行配置），株距8～10 厘米，开沟深 3～5 厘米播入。播后覆土、浇透水；北方地区干旱，应采取节水措施，做畦播种后，用黑色塑料薄膜覆盖，既可减少浇水次数和中耕除草次数，又可提高地温，促进苗木生长。

（四）砧木苗的管理

苗出齐后及时中耕除草、浇水施肥，发现病虫害及时喷药防治。对秋播地块要及时查苗补苗，因秋播出苗不整齐，易造成断垄现象。当苗长至 3～5 叶期时进行移栽，把密度大的挖出来移至缺苗处。计划春季移栽的高密度苗圃，也要在 3～5 叶期完成移栽任务。桃砧木苗不耐淹，夏季注意排水，雨量大时易出现黄叶，是缺铁的症状，及时叶面喷施铁肥。确保砧木苗健壮生长，为嫁接打好基础。

二、苗木嫁接

嫁接方法很多，依接穗利用情况，分为芽接和枝接；

根据嫁接部位不同，分为根接、根茎接、二重接、腹接、高接；从接口形式分，有劈接、切接、插皮接、嵌芽接、舌接、靠接等，但基本的嫁接方法是芽接和枝接。

（一）芽　接

以芽片为接穗的繁殖方法，是从枝上削取一芽，略带或不带木质部，插入砧木上的切口中，并予绑扎，使之密接愈合。芽接宜选择在生长缓慢期进行，此时形成层细胞还很活跃，接芽的组织也已充实。

嫁接过早，接芽当年萌发，冬季不能木质化，易受冻；嫁接过晚，砧木皮不易剥离。气候条件对嫁接也有影响，形成层和愈伤组织需在一定温度下才能活动，空气湿度接近饱和时对愈合最适宜，在室外嫁接，更要注意天气条件。

芽接的方法主要包括"T"形芽接、嵌芽接、方块形芽接。

1. "T"形芽接(图 3-1)

(1)选砧木　选用生长旺盛而又无病虫害的 1～2 年的实生苗，嫁接位置要求距地面 5～6 厘米处、直径在 0.5 厘米以上的砧木。芽接前 10 天左右，应将选定的砧木距地面 8 厘米以下的分枝剪去，以便于操作。

(2)选削接穗　最好从健壮、丰产、无病虫害的中年果树树冠外围部位，选取叶芽饱满的当年生发育枝。

枝条选好后，马上剪去叶片，只留叶柄。先在枝条上

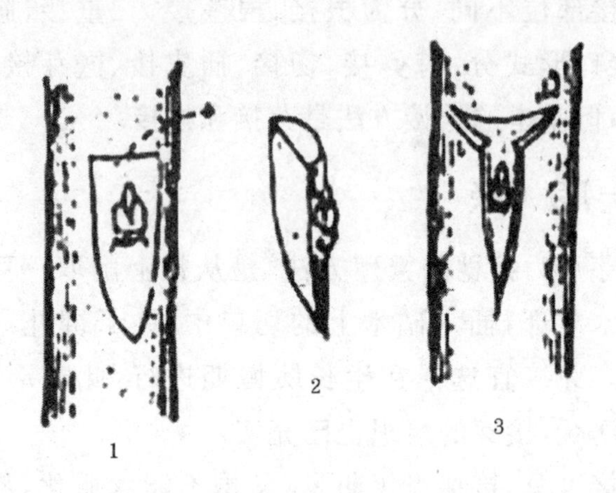

图 3-1　带木质芽接

1. 削接穗　2. 带木质芽片　3. 插入

选定 1 个叶芽，在选定的叶芽上方 0.5 厘米处横切一刀，长约 0.8 厘米，再在叶芽下方 1 厘米处横切一刀，然后用刀自下端横切处紧贴枝条的木质部向上削去，一直削到上端横切处，削成一个上宽下窄的盾形芽片。为了保持接穗的湿度，可将接穗用湿布盖好。

(3)切砧木　在砧木的北边(风大的地方要选择迎风面)距地面 4～6 厘米处，横切一刀，长约 1 厘米，深度以切断砧木皮层为度，再从横口中间向下垂直切一刀，长1～1.2 厘米，切成“T”形。然后用芽接刀骨柄挑开砧木皮层，以便插进接芽。

(4)插接芽　用芽接刀挑开砧木上的“T”形切口，将接芽插入切口中。插入时接芽的叶柄要朝上。插入后，

要使接芽上端同“T”形横切口对齐，如果接芽过长，可自上端切去一些。

(5)绑缚　用塑料条或其他绑缚材料，先从接口上边绑起，逐渐往下缠，叶芽和叶柄要留在外边。

2. 嵌芽接　先在接穗的芽上方0.8～1.0厘米处向下斜切一刀，长约1.5厘米，再在芽下方0.5～0.8厘米处，呈30°角斜切到第一切口底部，取下带木质部芽片，芽片长1.5～2厘米；按照芽片大小，相应地在砧木上由上而下切一切口，长度应比芽片略长。将芽片插入砧木切口中，注意芽片上端必须露出一线砧木皮层，以利愈合，然后用塑料条绑紧(图3-2)。

3. 方块形芽接　在砧木苗的半木质化且光滑的部位进行嫁接，接口以上留1～2片叶剪砧，接口以下叶片全部去除。

接穗采后立即去掉叶片，留1厘米长的叶柄即可，以防水分蒸发。最好随采随接，若不能随采随接，要小心保管好，放在潮湿阴凉地方，保存最多不能超过72小时。选芽基较平的饱满芽，在接芽上下距芽0.5厘米处横切一刀，接芽两侧沿叶柄各纵切一刀，深达木质部，然后迅速取下接芽，芽眼要带维管束(护芽肉)，接芽长3～4厘米，宽1～2厘米(图3-3)。

用接芽作比，在砧木的半木质化光滑部位上下各横切一刀，深达木质部，长度与接芽相同，在一侧纵切一刀，将皮层剥开，放入接芽，根据接芽宽度将皮层撕下，使接

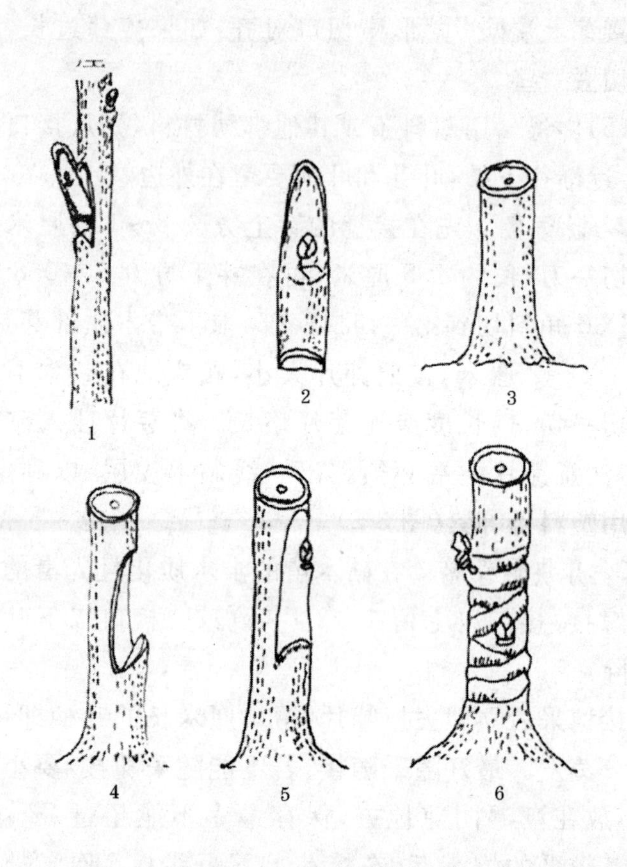

图 3-2　嵌芽接

1. 削接芽　2. 芽片　3. 砧木　4. 砧木切口　5. 插接芽　6. 包扎

芽的上下、左右皮层与砧木皮层对齐。然后迅速将芽片贴在砧木切口处，并用 1.5～2 厘米宽的塑料条包紧包严（叶柄和芽留出）。

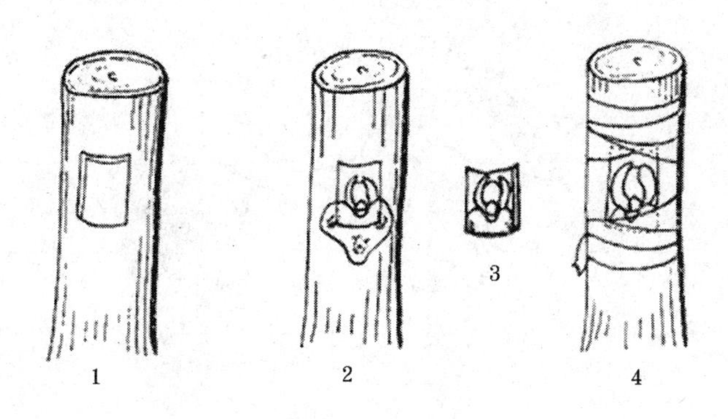

图 3-3　方块形芽接

1. 切砧木　2. 切接穗　3. 芽片　4. 镶入芽片并绑缚

(二)枝　接

枝接一般用于大树改接换头，时间是在春分至清明期间，此时桃芽还未萌动，在基部皮层光滑部位锯断，用刀削平锯断面，然后在锯断面两侧各纵切一刀，长度在 2 厘米左右，备用。接穗顶端留 2 个饱满芽，基部两边各削一刀，要求削面光滑，一面削掉接穗一半，且呈渐尖形状，长度在 3 厘米左右；反面削一刀，长 0.5～1 厘米，使接穗呈楔形；然后嵌入砧木，接穗与砧木需露白 0.5 厘米，确保接口生长良好。接好后，用塑料薄膜盖住砧木锯断面(防锯断面水分蒸发)，并用塑料带固定接穗，最后套上塑料袋，包住砧木和接穗，上口留 5～10 厘米空间(利于接芽萌发伸展)，并扎紧。待接芽长至 4～6 厘米时，在塑料袋上口开小孔通风，利于新梢生长(图 3-4)。

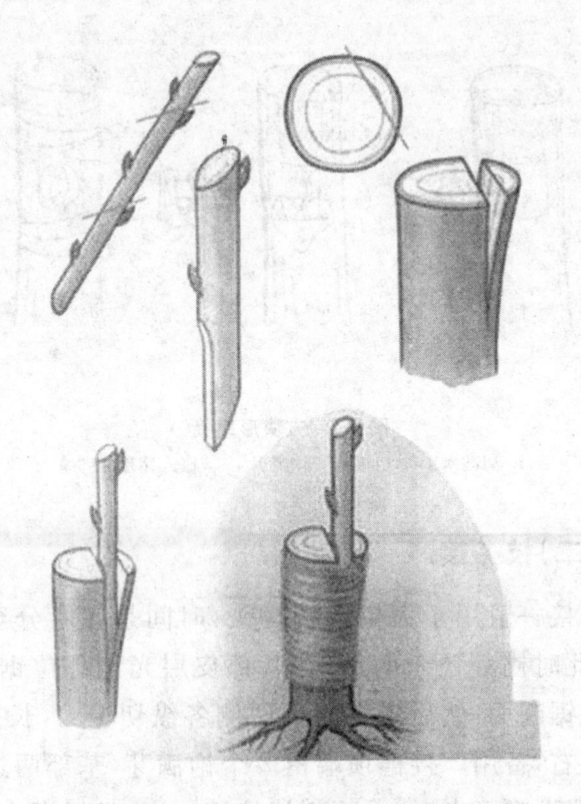

图 3-4 枝 接

(三)嫁接苗管理

嫁接苗成活长至 7～10 厘米高时需追两次氮肥，第一次可追施尿素 15 千克/667 米^2，施后及时浇水。间隔 20 天左右追第二次氮肥，施尿素 15～20 千克/667 米^2。及时锄草、除萌，注意防治刺蛾、红蜘蛛、叶蝉和缩叶病、细菌性穿孔病等病虫害(详见病虫害部分)。

三、苗木出圃

(一)起　苗

一般在11月份起苗，先浇水后起苗。挖苗时尽量保持根系完整，每株苗木至少有3条以上侧根，根系长20厘米以上，当天起苗，当天运输或当天假植，防止苗木失水，影响成活。

(二)苗木分级

分品种每50株1捆，按苗木的质量标准可分为一级苗、二级苗和三级苗。①1年生苗(2年砧)：一级苗高1米以上，粗1.5厘米以上，侧根4～5条，无根部病害、无虫害。二级苗高0.8～1米，粗1～1.4厘米，侧根3～4条，无病虫害。三级苗高0.6～0.7米，粗0.7厘米以上，侧根3～4条，无病虫害。②当年生苗(三当苗)一级苗高0.7米以上，粗0.8厘米以上，侧根4～5条，无病害。二级苗高0.6米，粗0.6厘米，侧根3～4条，无病虫害。三级苗高0.5米，粗0.5厘米，侧根3条以上，无病虫害。在起好的苗上按捆分品种、分等级挂上标签，防止等级混乱和品种混杂。

(三)苗木的假植

挖宽1米、深0.5～0.6米的沟，将苗木成捆立排列在沟内，捆与捆苗木之间留少量缝隙用土间隔。把根全部埋住，埋土用细沙或沙壤土较好。假植覆土后浇一次透

水，有利于苗木长期保存。少量苗木也可用沙土埋在屋内，保持沙土湿润。

（四）苗木运输

用汽车长途运输时，需要盖防风篷布，途中可运2～3天。装车之前成捆需蘸泥浆。用火车运输时，需用蒲包、草袋、塑料布、编织袋等包装物将苗木包装好，以防苗木途中失水或磨损。长途运输时需有检疫证明。

第四章　桃园规划设计

第一节　园地选择

一、气候条件

桃的适生经济栽培区在南、北纬度25°～45°之间，此范围以北，冬季严寒桃树不能安全越冬。在此之南，冬季低温满足不了桃树休眠所需的低温条件。郑州果树研究所对桃立地条件的研究提出了经济栽培的适宜带。即冬季绝对低温不低于－25℃的地方为北界，以冬季平均温度低于7.2℃的天数在1个月以上的为南线。

二、地势土壤条件

一般随着海拔的升高，气温便降低，通常每升高100米，气温下降0.6℃，桃成熟期推迟5～6天。在海拔2 200米以下的地带可种植，超过2 300米时有冻害现象。山丘坡地应选择排水容易、通风良好、光照充足的南坡和东坡，山地的坡度一般不超过20°为宜。建园时需改良土壤，并修筑梯田，种草护坡，以防止水土流失。平地建园选择背风向阳、土层深厚、地下水位较低，有灌溉条件的地块。在土壤瘠薄的土地上建园应大量施用有机肥改良

土壤。在降水量较大的地区建园要修筑排水沟排水和采取高垄栽培措施。

桃树在微酸性、中性土壤生长良好，在碱性土质上生长不良。适宜在土质疏松的壤土、沙壤土和沙土上建园。在黏质土壤上建园要改良土壤，可采取深翻把下层沙土与上层黏土混合，多施入有机肥，可改善土壤的通透性和土壤肥力。在种过桃、杏、李树的园地上建园，会产生生长衰弱、流胶、根腐病等，且产量低、有逐年死树的现象，即“重茬病”。因此，尽量避免在重茬地建园。

第二节 桃园规划

一、园区的划分

建立集约化桃园，形成大批量的优质果品，才能满足不同层次消费者的需求，同时对降低成本、统一管理、统一销售、产生规模效益起着关键作用。土地承包大户有发展集约桃园的优势条件，分散农户发展桃园，应在村或组的统一组织下，统一规划，统一施工，也可实现集约经营的目标。

在划分小区时，应根据当地实际和地块进行。一般在平原地区建园，小区面积为 6.667 公顷(100 亩)左右，山地丘陵地小区面积为 3.333 公顷(50 亩)左右。小区形状为长方形，一般一个小区栽植 1～2 个品种，而且成熟期相近，利于管理和销售。

二、排灌系统

桃树是多年生果树，不同于农作物，为了提高产量、生产优质桃，必须设置排灌设备。首先解决水源，然后根据水源和经济条件选择灌溉方式(管灌、喷灌、滴管、渗灌)。在设计排灌系统时，注意灌水渠与道路相结合，排水沟与灌水渠共用。

丘陵区的桃园，需在未开垦的果园上方，沿着等高线修一条宽、深各 1～1.5 米的拦洪沟，两端与排水沟相连，蓄水防旱，也可防止山洪冲击桃园梯面。山地、丘陵区的排水沟一般纵向修筑，宽、深各 0.5 米左右，排水沟每隔一定的距离修一蓄水池(库)，以拦蓄山水，为灌溉和喷药提供用水。桃园每层梯田内侧挖一条深、宽各 0.3 米的小沟，以防水土流失。面积较大的果园，应建立拦水工程，必要地段架立引水槽，配备节水灌溉设备。

三、防风林带

防风林带有调节气候、降低风速、减轻或防止霜冻危害花果的作用，对改善桃园小气候，有较好的防护作用。

防风林带分紧密结构、疏透结构和透风结构 3 种。根据地域不同可选择适宜当地的营造模式。在西北地区或其他土壤沙化区和风沙严重区，应选择紧密结构的营造模式；在华北平原区或东北南部平原区多采用疏透结构和透风结构的林带。防风林的防护距离与树高有关，一般防护距离是树高的 20 倍。

（一）紧密结构林带

由高大乔木、小乔木和灌木组成。形成不同高度的三层林冠层，形成基本全封闭的紧密结构形式，气流从林带中间通过很少。

（二）疏透结构林带

由大乔木和灌木配置而成的林带结构，在林冠层中间有一定的透风空间，有部分气流可从林带中间通过。

（三）透风结构林带

单纯由乔木树建成的林带，有70%左右的气流从林带内穿过，防护效果较低，适宜风沙危害较轻的地区。宜采用团状配置的林带。

四、土壤改良

适宜的土壤是桃树优质丰产的前提和基础。桃树耐旱忌涝，桃树根系要求土壤含氧量在15%以上，通常pH为5.5～6.2，适宜的土壤为沙壤土。如果计划发展桃园的土地达不到上述要求，就需要进行土壤改良。

（一）沙荒、黏土地改良

长期荒废的沙土地，土壤贫瘠，土壤质地过于疏松，如不改良易出现漏水漏肥问题，直接影响桃正常生长。改良办法：一是深翻改土，把下层的黏土翻上来，与上层

的沙土掺和在一起，把纯沙质土变成沙质壤土。黏土地采用同样的方法把土壤改成壤土。二是多施有机肥，结合深翻，每667米^{2}施有机肥2 000～3 000千克，增加土壤中的有机质、微量元素的含量，以提高土壤通透性。

（二）盐碱地的改良

在盐碱地上建桃园，必须采取措施降低土壤中的含盐量。桃根系在土壤含盐量0.08%～0.1%时，可正常生长，达到0.2%时，表现出叶片黄化、焦叶、枯枝、落叶和死树的盐害症状。因此应采取灌水压盐、排水洗盐。提前种植3～4年的耐盐植物，如苜蓿、碱蓬、猪毛菜、田菁、苕子等。大量施用有机肥。营造防风林，减少土壤水分蒸发。

（三）果树、林木迹地的改良

栽植果树、林木的地块，采伐后原则上不适合马上建桃园，应耕种3年以上农作物再建桃园。如想在果树、林木迹地建桃园，就需要下功夫改良土壤。应采取以下几项措施：①迹地清理，用大挖掘机挖掉树桩及根系。②用大马力的拖拉机深翻40厘米左右，把残余土壤中毛细根系全部翻出来，拣干净，减少有害菌群的发生和蔓延。③增施有机肥和生物菌肥，每667米^{2}施有机肥3 000～4 000千克，或施入牛粪、马粪、纯鸡粪、羊粪等其中一种1 000～2 000千克，每667米^{2}施生物菌肥50千克左右。提高土壤肥力、增加土壤中的有益菌群，杀灭有害病菌，减少桃树定植后根腐病、根癌病等病害的发生。

五、道路与建筑物

道路应设主干道和作业路(支路),主干道与排灌系统和防风林带统一安排、一体化实施。主干道宽4～6米,路基要坚实,能通行拖拉机和拉果货车。作业路是桃园主要道路,路宽3～4米,能行走小型拖拉机,需贯穿全园,外与干路相通,适宜机械化操作。

建筑物包括管理用房、农具室、选果包装场、果品贮藏库、配药池、粪池、看护小房等。管理用房和农具用房应靠近主干道、交通方便有水源的地方修建;包装场、配药池应选在作业区的中心位置较合适,有利于果品的分级、包装和运输。

对种植面积较大的桃园,特别是种植晚熟、极晚熟品种的桃园应配置相应的冷库,以延长果品的销售时间,提高经济效益。

第三节　桃园设计

一、设计类型及密度

(一)主干形栽植规格设计

三株团三角形配置模式及密度

模式1　(1米×1米)×3米×4米,即团内株距1

米，两团之间的距离（从团中心点计算）叫团距，团距为 3 米，团行间距离（从团中心点计算）叫团行距，团行距为 4 米。667 $米^2$ 植 55.6 团，167 株。

模式 2　(1.2 米×1.2 米)×3 米×4 米，即团内株距 1.2 米，团距为 3 米，团行距为 4 米。667 $米^2$ 植 55.6 团，167 株。

模式 3　(1.3 米×1.3 米)×4 米×5 米，即团内株距 1.3 米，团距为 4 米，团行距为 5 米。667 $米^2$ 植 33.4 团，100 株。

(二)弯曲主干形栽植规格设计

三株团三角形配置模式及密度

模式 1　(1 米×1 米)×3 米×4 米，即团内株距 1 米，团距为 3 米，团行距为 4 米。667 $米^2$ 植 55.6 团，167 株。

模式 2　(1.2 米×1.2 米)×3 米×4 米，即团内株距 1.2 米，团距为 3 米，团行距为 4 米。667 $米^2$ 植 55.6 团，167 株。

模式 3　(1.3 米×1.3 米)×4 米×5 米，即团内株距 1.3 米，团距为 4 米，团行距为 5 米。667 $米^2$ 植 33.4 团，100 株。

(三)"Y"形栽植规格设计

1. 四株团菱形配置模式及密度　(1.3 米×1.3 米×2.2 米)×4 米×5 米，即四株团内东西两侧株距为 1.3

米，南北株距为 2.2 米，团距为 4 米，团行距为 5 米，667 米^2 植 33.3 团，133 株。

2. 五株团梯形配置模式及密度 （1.5 米×1.5 米）×5 米×5 米，即团内株距为 1.5 米，团距 5 米，团行距 5 米。

二、苗木标准

（一）芽　苗

利用芽苗建园的，要选择接芽处直径达到 0.8 厘米以上，接芽与砧木愈合良好，接芽饱满，无病虫危害和机械损伤的苗木。所起苗保证为根系完整，无根瘤的健康苗木。

利用芽苗建园，优点是可节省投资，有利于主干形树形的整形；缺点是栽后第二年产量偏低，易出现缺棵（指嫁接死亡或机械损伤芽），生长期需及时除萌，以免影响主干生长。

（二）速 成 苗

速成苗也叫“三当苗”，即当年播种、当年嫁接剪砧、当年出圃。用速成苗建园，要求接芽以上直径应达到 0.7 厘米、高 0.8 米以上。低于上述标准的苗木，木质化程度差、组织幼嫩，冬季易受冻害，出现抽梢现象。

利用速成苗建园，优点是也可节约一部分苗木资金，已达到定干标准，培养主干形树形较快，栽后第二年可形成一定产量。缺点是苗木组织幼嫩，冬季易出现冻害抽

梢现象，根系生长量小，定植后前期生长量缓慢，应加强水肥管理。

（三）1 年生苗

1 年生苗是指 2 年根 1 年干的苗木。此类苗木生长势强壮、根系发达，应选用地径 1～1.5 厘米、高 1.5 米以上的健壮苗木。1 米以下至 0.8 米的苗木虽然比速成苗标准还高，但它仍属于被压苗，木质化程度差，定植后易出现抽梢或成活率偏低等问题。

利用 1 年生苗建园，优点是定植后生长旺盛，缓苗期短、成形快，第二年产量高。缺点是苗木投入资金较大。

三、栽　植

（一）挖栽植穴

1. 定点放线　按照设计要求，测量团行距、团距和团内株距位置，用白灰或用铁锨挖坑定准行距和团状各定植位置。

2. 挖坑标准　定植穴要求长、宽、深各 60 厘米。挖穴时把上层 30 厘米深的阳土堆成一堆，下层 31～60 厘米深的阴土另堆一堆，待栽树时备用。

（二）施基肥

每一定植穴施有机肥 5 千克，或鸡粪、饼肥 1.5 千克，同时每穴施含氮、磷、钾各 15％的复合肥 1 千克。把肥料

与阳土混合均匀后填入定植穴内30厘米处，为栽植做好准备。

（三）栽　植

栽植前首先人员分工，每两人一组，每组有一人拿苗、一人拿铁锨埋土，植苗前先填入10厘米厚的纯土，与粪土隔开，防止烧坏苗木根系。然后把苗放入穴内，填土踏实，填至苗木的原土印以上2～3厘米即可，不要栽得过深，以免影响生长。栽好后，将周围土绕树苗围一圈土埂，准备给苗木浇水。

（四）浇　水

定植后及时浇水，第一水要浇足浇透，间隔1周浇第二水，再隔1周浇第三水，确保成活和旺盛生长。

四、管　理

（一）间　作

建园第一年，由于树苗较小，行间距较大、利用团行距可间作矮秆作物，适宜桃园间作的农作物有花生、油菜、草莓、蔬菜、苜蓿草、三叶草等。可根据当地具体实际确定间作物的种类。

（二）中耕除草

年内中耕3～4次，及时除去桃树下和行间的杂草，

合理间作也是除草的好办法。面积较大的桃园，也可采取化学除草的方法，利用除草剂除草。但在使用除草剂时要选好适用类型，掌握好药剂浓度，控制使用次数。长期使用除草剂会造成土壤污染，会影响绿色果品的质量。

（三）苗木管理

苗木成活后，前期生长较缓慢，但砧木上易萌发枝条，要及时抹芽，除去砧木上的萌芽，确保芽苗接芽的萌发和成品苗的正常生长。桃树中后期生长加快，待主干新梢长至50厘米时，要重摘心，摘去10～12厘米，促发副梢，待副梢长至40厘米时摘心，促发二次副梢。这样，经过多次摘心，树形可基本形成。

（四）防治病虫害

在生长季节，桃幼树上易生蚜虫、红蜘蛛、潜叶蛾、穿孔病等病虫害，应及时喷药防治（详见第八章桃病虫害防治）。

第五章 桃团状高密栽培模式

第一节 桃团状高密栽培的理论与实践

一、为什么要搞团状栽培

桃果是我国人民最喜爱吃的水果之一，在诸多热杂果栽培中，其面积最大，分布最广，总产量最高，是销售量最大的品种。历史以来，人们就有栽培桃树的传统习惯，又因为桃果具有结果早、产量高，既好看、又好吃的特点。在我国桃树的发展规模与面积是继苹果、梨之后的第三大水果。

目前，桃树栽植密度经历了由大冠稀植—中冠栽培—小冠密植—高度密植 4 个发展阶段。在 20 世纪 60 年代以前，桃园栽植规格多为 5 米×6 米，6 米×6 米，667 米^2 植桃树分别为 22.2 株和 18.5 株。20 世纪 70～80 年代，由稀植大冠改为中冠，栽植规格改为 4 米×5 米，4 米×6 米，667 米^2 植桃树 33.3 株和 27.8 株。20 世纪 90 年代至 2010 年前后，由中冠改为小冠密植，栽植规格为 3 米×4 米、2 米×5 米和 2 米×4 米，667 米^2 栽植密度为 55.6 株、66.7 株和 83.3 株。近几年来，由小冠密植向高

度密植发展。栽植规格有1.2米×3米、1.2米×3.5米和1米×3米，667米^{2}植树分别为185.2株、158.8株和222.2株。从667米^{2}植株数上看，667米^{2}高密栽培株数是最稀栽培的12培。667米^{2}植株数的增加，使桃树的盛果期提前，实现了早结果、早丰产，极大提高了果农的经济收入。栽培模式的改革为果农带来了实实在在的经济利益。

在桃树栽植密度的发展过程中，突出了技术创新，缩短了桃树盛果期到来时间，由稀植盛果期第六年、中冠树盛果期第五年、密植盛果期第四年，变为高密盛果期第三年。高密栽培比稀植大冠盛果期提前了3年。但是，在目前高密栽培的模式中还存在着突出的问题。一是果实对光照的需求不足，直接影响桃果着色、糖分积累和延迟成熟。光照不足的主要原因是株距太近、而且是均匀分布，等距离栽植，枝展的水平距离只有0.5～0.6米，不能满足枝条生长发育的需要，形成交叉生长，造成行内树冠高度郁闭。二是桃树的根系生长范围受限，自然生长的方向被迫改变，由向四周均衡扩散生长变成了向行间两侧生长，行内因株距太近，造成根系交叉生长、养分相互争夺的现象；而且根系弱、吸收根减少，形成根系生长不均衡。由此带来了地上部分生长发育的不均衡，造成内膛结的果个头小、颜色暗、糖分低、品质差。这两大问题只有得到合理解决，才能促进高密栽培模式大面积推广应用。

在高密栽培的实践中发现，光照不足的主要原因首先是株距太近，而且是株距的均匀栽植方法所造成。其次是主干上着生的结果枝过多，目前高密栽培多采用主干形多主枝整形修剪方法，一般一株上留15～20个主枝，往往会形成重叠遮阴的现象，桃果光照受阻。如何解决上述存在的两大问题呢？笔者带着生产中出现的实际问题，开展广泛调查研究，首先对园林绿化中采用非均匀栽植的方法进行调查。调查中发现同一树种、同一规格、不同的栽植方法，生长量有明显的差距。采取聚集式（团状栽植）栽植的国槐林比等行距栽植的胸径生长量提高20%～23%。在调查的基础上，于2003年首先进行杨树片林团状栽培试验，经8年试验结果证明，团状比行状栽植材积生长量提高20.3%，并于2011年通过省级鉴定，研究成果达到国际先进水平。2013年获邯郸市科技进步三等奖。这一成果一是解决了光照问题。二是便于推广定向施肥、定向浇水的节水灌溉措施。这两项创新也正与果树上存在的两大问题相吻合，在已结果的密植园内调查发现，行内缺株的两侧两棵树，果品产量和质量都明显高于不缺株树上的果品产量和质量。如在缺株两侧的桃树上表现出比不缺株的果个大，产量高，颜色红，果实含糖量高，口感好，果实可溶性固形物含量提高1%以上。实践证明，采用非均匀栽植的果树和林木，树木生长量和果品产量及质量提高的根本原因是解决了光照问题。采用团状栽植模式是调整光照强度、提高光能利用率和节

水灌溉的有效途径。

二、团状栽培实践的检验

笔者在外出考查的过程中，也有采用非均匀的栽植模式发展果树，取得了理想的效果，如南方利用团状（中间立柱）种植的火龙果和新品种红龙果，产量和质量都有明显的提高，正在逐步扩大栽培面积。辽宁省干旱地区造林研究所张连翔正高级工程师提出了“适度聚集式栽培”新模式，在理论和实践中进行了大胆的探索研究。把自然界动植物种群首选聚集格局的理论，应用于林果适度聚集式栽培的实践中，改变了传统的规则株行距设计理念，在不减少单位面积株数的前提下，采用每穴 2～4 株成丛植入的办法，其增产性已在沙棘栽培和刺槐造林中获得证实。

笔者在大量调查数据的基础上，进行大胆尝试，采用团状（每团 3 株）栽植模式建立高密果园 40 公顷（600 亩），其中团状高密栽植桃园 13.333 公顷（200 亩），栽植模式为（1 米×1 米）×2 米×4 米和（1 米×1 米）×3 米×4 米两种，667 米^2 植密度为 248.8 株和 166.7 株，栽后第二年 667 米^2 产量分别为 1 084 千克和 968 千克；第三年 667 米^2 产量分别为 2 241 千克和 2 078 千克。平均 667 米^2 产量比行状（等株行距）提高 12％和 5％。果品可溶性固形物含量比对照提高 0.5％～0.8％。随着树龄增加，团状栽植模式产量和果品质量将会更明显的高于等

株行距栽植模式。

第二节　桃树团状高密栽植模式

一、主干形团状栽植模式

主干形是桃高密栽培中常用的树形之一。要求树高控制在2.5～2.8米，主干高50～70厘米，主干上着生15～20个结果主枝，树冠下部留2～3个大中型结果主枝（牵制枝），树冠宽度形成下大向上逐渐缩小的尖塔树形。

模式1　栽植规格（1米×1米）×3米×4米

667米^{2}植桃树55.6团、167株。与行状1米×4米栽植规格667米^{2}植株数相同。每团配置3株，团内株距1米，两团之间（中心点）距离即团距为3米，团行距为4米（图5-1）。

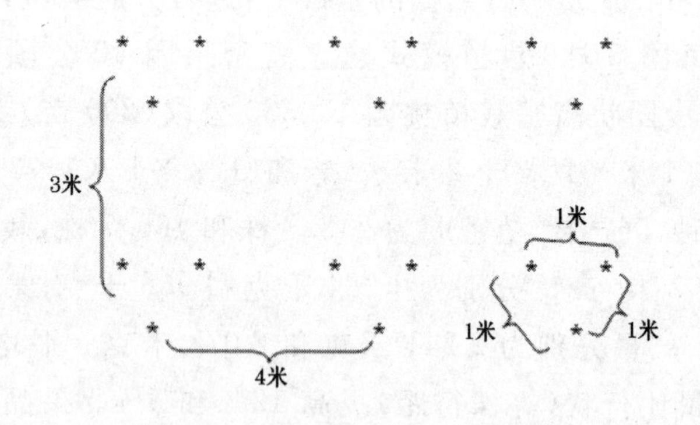

图5-1　（1米×1米）×3米×4米模式

模式 2　栽植规格(1.2 米×1.2 米)×3 米×4 米

667 米^2 植桃树 55.6 团、167 株，与行状 1 米×4 米栽植规格 667 米^2 植株数相同。每团配置 3 株，团内株距 1.2 米，团与团之间为团距，团距 3 米，团行距 4 米(图 5-2)。

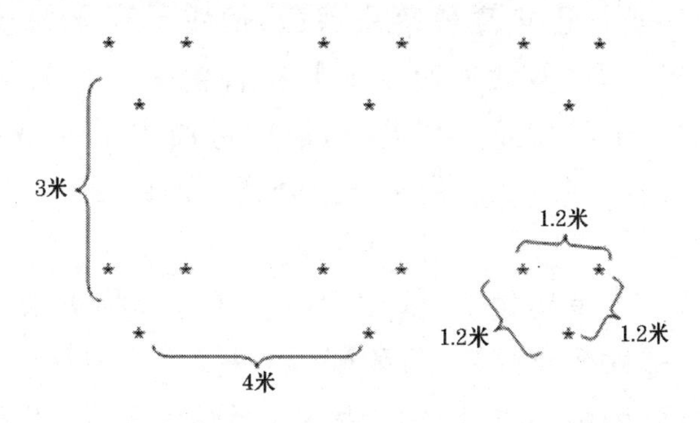

图 5-2　(1.2 米×1.2 米)×3 米×4 米模式

模式 3　栽植规格(1.3 米×1.3 米)×4 米×5 米

667 米^2 植桃树 33.3 团、100 株，与行状 1.3 米×5 米栽植规格 667 米^2 植株数相近。每团配置 3 株，团内株距 1.3 米，团与团之间为团距，团距 4 米，团行距 5 米(图 5-3)。

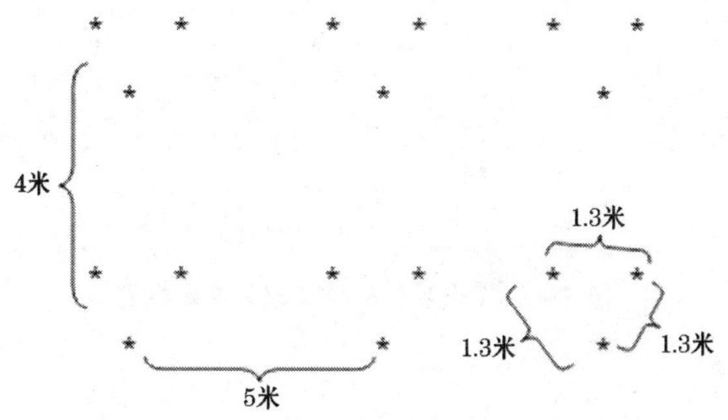

图 5-3　(1.3 米×1.3 米)×4 米×5 米模式

二、弯曲主干形团状栽植模式

弯曲主干形是团状栽植模式的特有树形，它是把一团三株树看成一整体，即按一棵对待，每一棵树看成是一个主枝。实行逐年高位落头剪截，使主干直立部分高度为1.8米左右，剪截处萌发的新梢各留一外枝向斜上方生长，与主干呈40°～45°夹角，形成弯曲主干。如果把3棵树组合在一起，就成为一棵组合开心形树形。

模式1　(1米×1米)×3米×4米

667米^{2}植桃树55.6团，167株(与行状1米×4米667米^{2}植株数相同)。每团配置3株，团内株距1米，团与团之间(团中心点计算)为团距，团距为3米，团行距为4米(图5-4)。

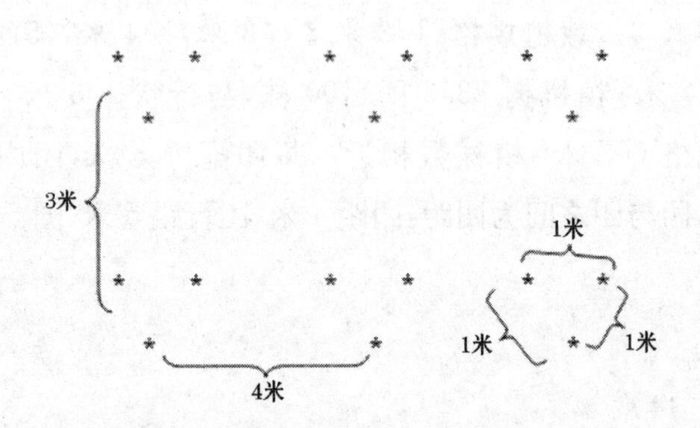

图5-4　(1米×1米)×3米×4米模式

模式 2 (1.2 米×1.2 米)×3 米×4 米

667 米^2 植桃树 55.6 团,167 株(与行状 1 米×4 米的栽植规格,667 米^2 植株数相同)。每团配置 3 株,团内株距 1.2 米,团与团之间(团中心点计算)为团距,团距为 3 米,团行距为 4 米(图 5-5)。

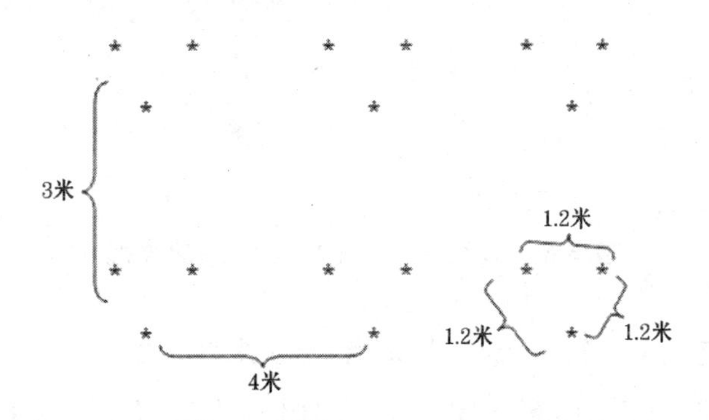

图 5-5 (1.2 米×1.2 米)×3 米×4 米模式

三、"Y"形团状栽植模式

"Y"形树形是目前桃树密植栽培中常用的树形之一。利用此树形搞团状配置,是为了进一步提高光能利用率,提高果品质量而采取的新的组合方式。组团配置时四株团和五株团较为适宜。

模式 1 (1.3 米×1.3 米)×4 米×5 米

667 米^2 植桃树 33.3 团,133.2 株(与 1.3 米×4 米的行状栽植 667 米^2 植株数相近)。每团 4 株,菱形配置,相邻两株距离为 1.3 米,南北两端两株树相距 2.2 米,团间距为 4 米,团行距为 5 米(图 5-6)。

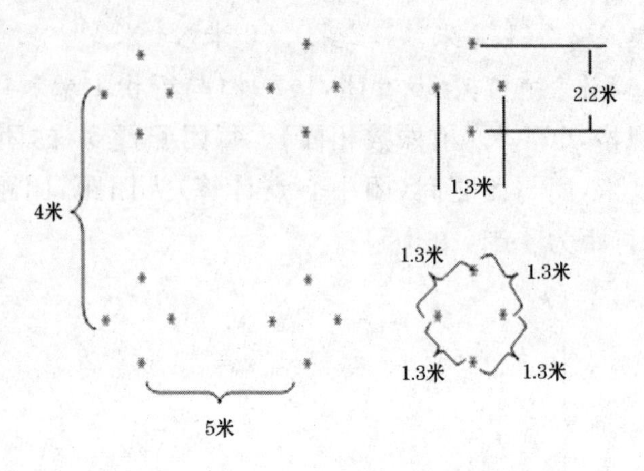

图 5-6 (1.3 米×1.3 米)×4 米×5 米模式

模式 2 (1.5 米×1.5 米)×5 米×5 米

667 米^2 植 26.7 团,133.5 株(与 1.3 米×4 米的行状栽植 667 米^2 植株数相近)。每团 5 株,团内株距为 1.5 米,团距 5 米,团行距为 5 米(图 5-7)。

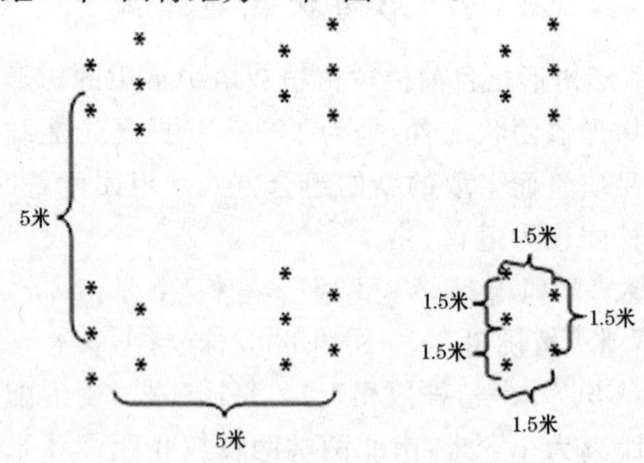

图 5-7 (1.5 米×1.5 米)×5 米×5 米模式

第三节　桃树施肥、浇水一体化模式

一、定点施肥

定点施肥就是在团状栽植模式中确定施肥的方位，在固定的位置挖施肥穴(坑)，在固定施肥穴中施肥。改变行状栽植所采取的地面撒施、不定点多穴点施和秋冬季挖沟施基肥等费力、费工、费钱、费时的传统施肥方法。这是在团状栽植模式变革中又一创新施肥模式。这一创新施肥模式的主要作用是:把根系中大量的吸收根吸引到施肥穴中，以增加毛细根分布的厚度和大量增加吸收根的数量。使这些根系长期可以得到充足的营养供应。这样，就解决了高密栽培行状模式单株根系分布面积小，营养供应渠道不畅等问题。

(一)固定施肥穴的位置确定

团状栽植的桃树一种是三株团呈三角形配置(或叫品字形)，因此 3 株桃树的中心点位置设一固定施肥穴，这一施肥穴中的营养可供 3 株树同时吸入利用。另外再设 3 个固定施肥穴，每一固定穴的位置，在两株相距中心点，垂直向外撤两株距的 1/2 处定为固定穴。例如一团 3 株树，团内株距为 1 米，确定施肥穴时，把两树间划一直线找出中心点，即 0.5 米处，然后再垂直向外撤 0.5 米，即为该施肥穴的中心位置(图 5-8)。每个三株团共设固定施肥穴 4 个。

每个四株团设固定施肥穴 5 个，即中心点 1 个，每相邻两株树中心距外撤 1/2 距离定穴（图 5-9）。五株团设固定施肥穴 7 个，即 5 株中间设 2 个穴，每相邻两株之间中心点垂直向外撤 1/2 距离各设 1 个施肥穴（图 5-10）。

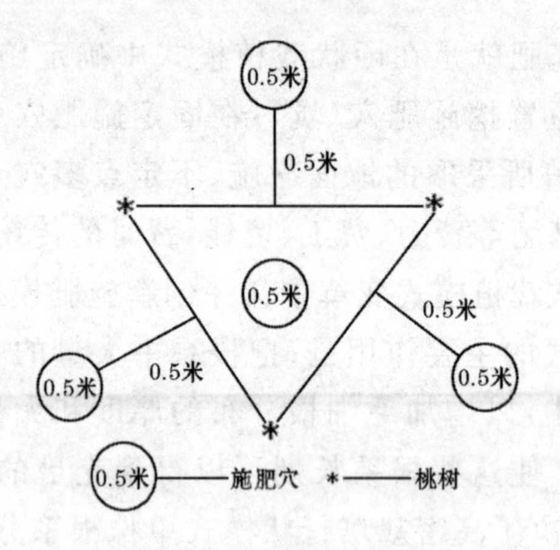

图 5-8　三株团固定施肥穴

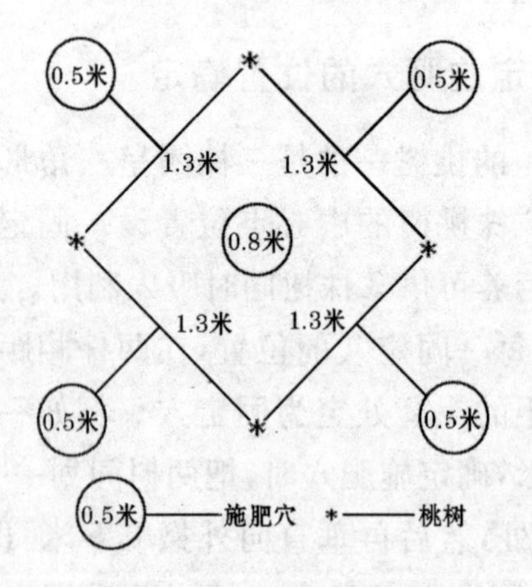

图 5-9　四株团固定施肥穴

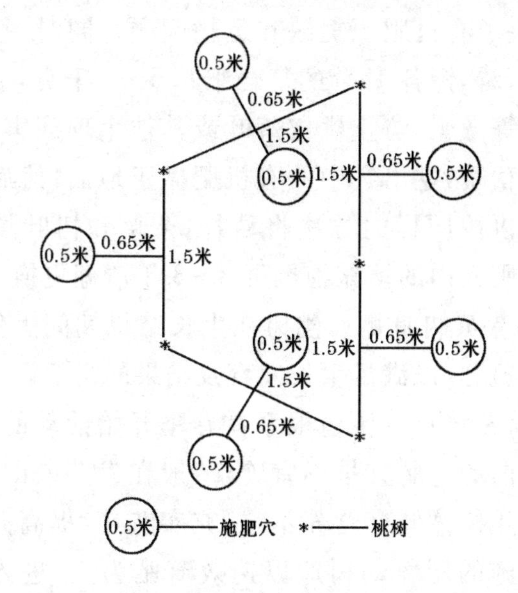

图 5-10　五株团固定施肥穴

(二)固定施肥穴的整修标准

固定施肥穴按圆形挖穴，直径为 0.5～0.6 米，深 0.5 米，容积为 0.1～0.14 米^3。挖施肥穴一定按规定的标准施工，保证施肥穴的容量不减少。

(三)施肥时期和施肥量

1. 秋施基肥　秋施基肥可把填入穴内的树叶、杂草提供充分腐熟的时间，并使断根早愈合早发新根。10 月中下旬，待桃树叶基本落完时，连同园内杂草一并清理，然后填入穴内，这样既清理了果园，减少病虫害的越冬场

所，又解决了有机肥源短缺和运输问题。同时，每一穴内施入含氮、磷、钾各15%的复合肥0.5～1千克，适量施入一些铁肥等微肥，防止桃树落叶或其他生理病害的发生。到第二年秋季，挖出穴中的有机肥撒于地面，然后翻耕改良土壤。再按同样的方法将秸秆、杂草和树叶填入穴内腐熟。施肥穴内的填充物也可2～3年清理更换1次。

2. 固定穴内追肥 桃树在生长结果期间大约需要4次左右的追肥，以满足生长发育及结果的需要。

（1）萌芽前后 桃树根系在春季开始活动的时间早，所以萌芽前的追肥宜早不宜晚，一般在发芽前即可追肥，以补充上年树体储存营养不足，充实花芽，提高开花坐果能力。追施的肥料幼树应以速效氮肥为主，进入结果期的桃树应追施含氮、磷、钾各15%的复合肥或追施高氮、中磷、中钾的复合肥。

（2）硬核期 此时是由利用储藏营养向利用当年同化营养的转化时期，种胚开始发育并迅速生长，果实对营养元素的吸收开始逐渐增加，新梢旺盛生长并为花芽分化做物质准备。此时追肥应以低氮、低磷、高钾的复合肥为主。

（3）采前追肥 采前2～3周果实迅速膨大，增施钾肥可有效提高桃果的品质。

（4）采后补肥 果实从发育到成熟，消耗大量的树体营养，所以在采收后，应补施氮素肥料，并配合施用磷肥，以促进根系生长，延迟叶片衰老，恢复和增加树势，促进花芽形成和树体储存营养。

上述介绍的施肥时期和施肥次数是一般情况下的做法。各地的实际情况不同，应结合当地具体情况确定施肥时期和施肥次数，要根据土壤、气候、树势、负载量等因素综合考虑。如果基肥充足、树势健壮、追肥次数可减少；高湿多雨地区或沙质土、肥料易流失，追肥宜少量多次；幼树追肥次数宜少，随着树龄的增长，结果增多，追肥的次数要适当增加。

施肥量的确定：应根据桃树不同时期对各营养元素需要来确定。根据各地的田间试验结果，桃吸收氮、磷、钾的比例，一般为 10：3～4：6～16，每生产 100 千克桃果的吸收量，分别为氮 0.25 千克、磷 0.1 千克和钾 0.15～0.4 千克。这一数据可作为决定施肥量时参考。

3. 根外追肥　根外追肥就是把肥料溶液直接喷洒在桃树的枝叶上，可以弥补根系吸收的不足或作为应急的措施。根外追肥可直接进入枝叶中，有利于迅速改变树体的营养状况；而且根外追肥后，养分的分配不受营养中心的限制，养分分配均衡，有利于树势缓和及弱势部位的复壮。另外，根外追肥还常用于锌、铁、硼等元素缺素症的矫正和复合肥料的施用。

根外追肥后 10～15 天，叶片对肥料元素的反应最明显，以后逐渐降低，20～25 天则消失。因此，最好间隔 15 天喷 1 次，连续喷施。果实采收后到落叶前和早春萌芽前，是根外追肥的两个重要时期。特别是大年树，早期落叶树，因秋季和第二年早春新根数量少，土壤追肥的吸收

量受限，所以秋季用较高浓度的尿素溶液喷叶和枝干，可以弥补储藏营养和早春根系吸收的不足，对春季的生长发育非常有利。另外，锌、硼等缺素症的矫正，也应利用秋季和早春两个关键时期，这两期喷肥矫正的效果，一般比生长季好。桃树根外追肥的种类、浓度、时期及作用，可参考表 5-1。

表 5-1　桃根外追肥的主要时期及浓度

时　期	种类、浓度	作　用	备　注
萌芽前	2%～3%尿素	促进萌芽和叶片短枝发育提高萌芽整齐度	前一年产量大或早期落叶树效果显著
	2%～4%硫酸锌	矫正小叶病、保证树体正常锌含量	主要用于易缺锌的果园
花期、新梢旺长期	0.3%～0.4%尿素	提高坐果率	可连续喷 2 次
	0.3%～0.4%硼砂		
	0.3%～0.5%硫酸亚铁	矫正缺铁黄叶病	可连续喷 2～3 次
果实发育后期	0.4%～0.5%磷酸二氢钾或 4%草木灰浸出液	增加果实含糖量，促进着色	可连续喷 3～4 次
采收后至落叶前	0.5%尿素	延缓叶片衰老，提高储藏营养	可连喷 3～4 次，大年后尤其重要
	0.3% ～ 0.5% 硫酸锌	补充锌元素、矫正缺锌症	常在易缺锌果园应用
	0.2%～0.5%硼砂	补充硼元素，矫正缺硼症	常在易缺硼果园应用

二、定向浇水

桃是浅根性植物，对水分敏感，根系垂直分布在地表下 20～50 厘米处，在根系生长期呼吸旺盛，最怕水淹。连续积水两昼夜就会造成落叶或死树。缺水时根系生长缓慢或停止，若 1/4 以上根系处于干旱时，地上部就会出现萎蔫现象。桃果含水量在80％～90％，桃树枝条的含水量为 50％左右，如果供水不足会严重影响果实发育和枝条生长。但是在果实成熟期雨量过大，则会使果实着色不良，品质下降，裂果加重，病害严重。因此，桃对水分的要求是比较敏感的，应做到适时浇水和及时排水。

（一）定植第一年浇水

浇好定植水是保证苗木成活的关键。苗木定植后及时浇第一水，最好当天栽植当天浇水，苗木本身的水分不易蒸发，成活率高。间隔 7 天左右浇第二水，如是秋、冬季定植的苗木，应间隔 15～20 天浇第二水，即越冬水。第三水应在苗木发芽展叶期，为保成活、促生长补充水分。5 月中下旬结合追肥浇第四水，促进枝条的速生快长。6 月中下旬结合第二次追肥浇第五水，促进树冠形成和结果枝的生长发育。进入 7～8 月份，是北方地区的雨季，一般不用浇水，但要注意排水，杂草或秸秆填满施肥穴，略高于地面，上覆 10 厘米厚土，严防穴内积水淹死桃树的现象发生。遇到干旱时要注意天气预报，近期是否有雨，如需要浇水切忌大水漫灌，防止浇后又降大雨造成

定植苗叶片黄、早落叶，严重时有枯萎死亡的现象。如雨季降雨量过大时要及时排水。进入 9 月份，桃树结果枝上的花芽基本形成，为保证花芽的饱满充实，在干旱无雨的情况下应浇第六水。11 月份，桃树进入落叶期，需水量减少，一般年份不用浇水。12 月份桃树停止生长，进入休眠期，应浇越冬水。

(二)定植第二年浇水

定植第二年的密植桃园，已进入结果期，667 $米^2$ 产量一般在 1 000 千克左右，为了实现既结果又长树的目的，需要用水分调节，做到挂果适量，树体健壮。具体操作方法是：在桃树萌芽前浇第一水，促使根系活动充分吸收养分和水分，满足花芽萌发整齐及开花的需要。第二水应在果实硬核期开始时浇水。此时果实第一次生长高峰结束，果实开始生长发育、硬化，对果核生长发育尤为重要。第三水在果实第二次生长高峰期，从果实第二次生长开始至果实成熟。浇水的具体时间应掌握在采收 15 天以前进行。如浇水过早，距成熟采摘时间长，土壤含水量降低，影响果实的膨大，易造成产量降低；浇水距采摘时间太近，会因果实含水量增加，糖分降低、质量下降。第四水应在果实采摘后，结合施肥及时浇水，补充大量结果所损耗的营养。进入雨期一般不浇水，但要注意排水。如遇干旱应适量补水。9 月份桃树生长后期应浇好第五水，促进枝条、花芽的充实度，促进根系生长及营养积累

储存。12 月份浇越冬水，在桃树休眠期给枝干、根系补充水分，安全越冬。

（三）定植第三年以后浇水

定植第三年浇水与第二年基本相同，浇水的次数、浇水量的大小要由当时的天气情况和当年的挂果量来确定。如该年份降雨量偏多，风调雨顺，浇水次数就要减少，而且浇水量也要减少。如遇久旱不雨的年份，就需要增加浇水次数，而且要加大浇水量，使浇水渗透深度达到 40 厘米，才能使桃树根系充分吸水。以后每年浇水都应根据具体实际确定浇水次数和浇水量。

（四）节水灌溉

节水灌溉是实现农业现代化的一个重要措施之一。桃树团状高密栽培模式是水肥一体化节水节肥的创新设计模式。传统的灌溉方法是大水漫灌法，缺点是灌溉渗透深度不够，一般渗透 30 厘米左右，而桃树根系分布在地表下 20～60 厘米处，因而 40～50 厘米分布的根系不能吸收到水。二是漫灌蒸发量大，据测试，蒸发量占浇水总量的 30%～45%。三是沙地和沙壤土地水分渗漏量大，渗漏量占浇水总量的 30%以上。真正用于植物吸收蒸腾的水分只有 30%左右。因此，改革灌溉方式，是节约用水、提高水分利用率的关键措施。

节水灌溉在我国已推行多年，但推广面积不大，节水灌溉技术仍处试验提高阶段。目前在农业上实施的节水

灌溉方法有多种，如喷灌、微喷灌、滴灌、小管流灌等方法。喷灌是最早开始推广的节水灌溉方法，它改变了平地漫灌的形式，改为从空中喷水的形式，仿造降雨的形式而研制的设备。优点是喷灌可使土壤疏松，克服了平地漫灌土壤板结、透气性差的弊端，但节水效果不明显。微喷灌比喷灌节水效果好，但在使用时易出故障，如输水袋中沉淀沙易堵塞管道，在不含沙的井水可以推广。小管流灌是节水灌溉效果最明显的一种灌溉模式，它既解决了滴灌堵塞管道的问题，又实现了节约水资源，这一灌溉方法在果树上比较实用。

利用小管流灌的模式与团状定植的桃园定点施肥结合起来，形成水肥一体化，实现定点施肥和定向浇水的统一，是节水、节肥的最佳模式。具体设计与操作方法是：先将输水管道顺行中间铺过，根据每团树定点施肥穴的多少，设计安装小管流灌分管，与主管道相通连接。每通向施肥穴的小流管，每 6 小时渗灌数量应在 15～20 升。小管流灌 6 小时完成上述灌溉量。桃树不宜渗灌时间过长，避免根系长期浸于水中造成对吸收根的破坏。小管流灌管道铺设见图 5-11 至图 5-13 所示。

（五）注意事项

第一，施肥穴内填充的树叶、杂草等有机肥，要与地面填平，雨季到来之前要填高于地面，防止降雨量过大时穴内积水，造成桃树黄叶，甚至枯萎死亡。

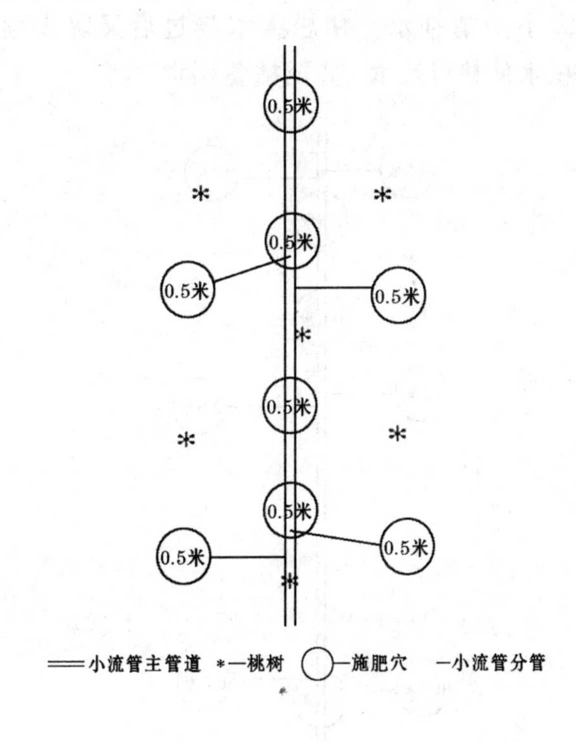

图 5-11　三株团小管流灌管道铺设示意图

第二，建园时地未平整好，少数桃树处于低洼之处，应将行间土向桃树根部 1 米宽位置填土抬高地面，防止浇水时低洼处存水淹死桃树。

第三，看天气定浇水量。干旱季节降雨量很少，浇水时应浇透水，接近雨季时要浇小水。总之，在浇水前要注意天气预报，近几天是否有雨。如预报是小到中雨可继续安排浇水，如预报中到大雨，应暂停浇水，等雨后根据

降水量大小酌情补水。切忌大水浇过后又降大雨，很容易造成积水使桃叶变黄，甚至枯萎死亡。

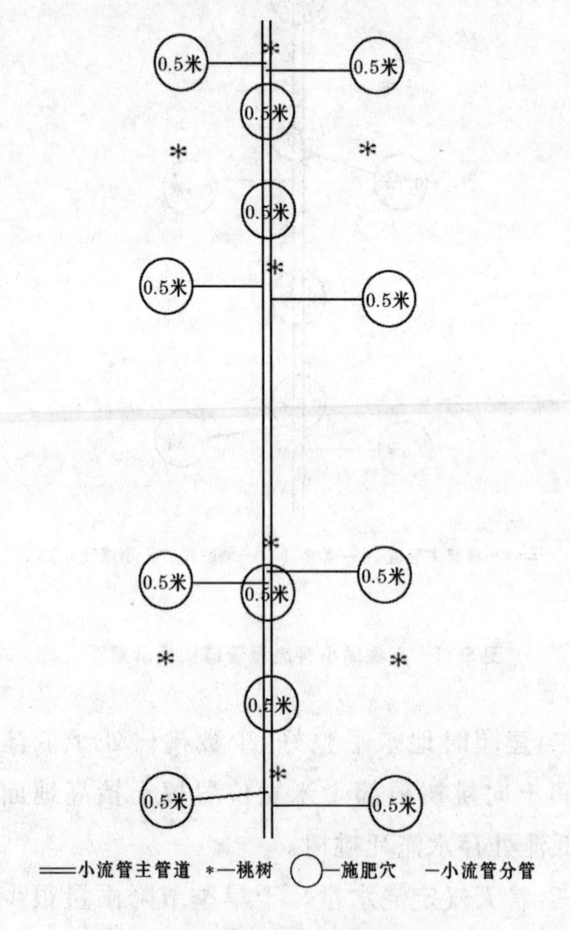

图 5-12 四株团小管流灌管道铺设示意图

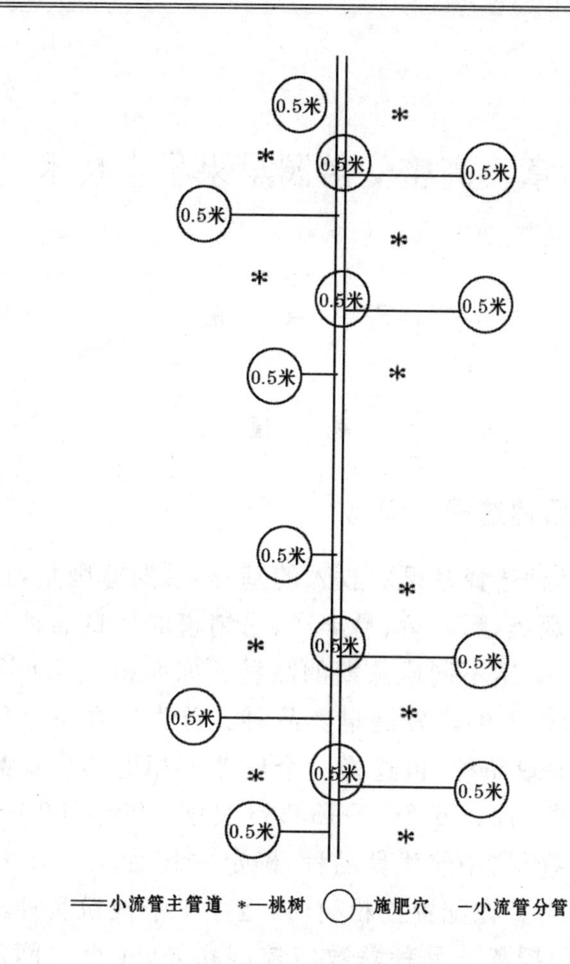

图 5-13　五株团小管流灌管道铺设示意图

第六章　高密幼龄园早果早丰技术

第一节　建　园

一、定　植

（一）品种选择与配比

桃树品种选择是果农收入的基础，总的原则是，选择果个大、外观美、耐贮运、易丰产、易销售的优良品种。根据果园面积确定不同成熟期的品种。如面积在6.667公顷（100亩）以下的应发展早熟品种。首先选择一个优良的品种为主栽品种，再选择一个成熟期相近的优良品种作为授粉树。面积6.667～13.333公顷（100～200亩）的果园，应选择早、中熟优良品种，确定主栽品种2个，授粉品种1～2个。在配置授粉树时，也可1个授粉品种给两个主栽品种授粉。品种总数应控制在3～4个之间。20公顷（300亩）以上的较大果园，可考虑早、中、晚熟品种搭配。即3个主栽品种，1～2个授粉品种，品种总数控制在4～5个之间。在桃主产区合作经营，走统一品种、统一管理、统一销售之路，是目前转变经营方式、解除果农后顾之忧、增加果农收入的明智之举。可根据当地具体情况，

早、中、晚熟品种合理搭配，确定各品种栽培面积。

授粉树配比一般为2～4：1，即栽植2行或4行主栽品种，栽植1行授粉树。也可株间配置，即栽2～4株主栽品种，配置1株授粉树。无花粉的主栽品种应人工授粉。

（二）定植时期与密度

桃树在生产上有春栽、秋栽和冬栽3个时期。经试验，秋冬季栽植比春季栽植发芽早、生长快，无明显缓苗期。所以凡有灌溉条件的地方均可采用秋冬季栽植，即树落叶之后至封冻之前。但在北方寒冷、干旱、无灌溉条件的地方，秋冬栽植有抽条现象，所以应以春栽为主。春植时间是土层解冻后3月份至桃树发芽之前进行。

桃树栽植密度应在100～167株/667米^2，团状配置，可根据具体实际，选择三株团、四株团或五株团。三株团栽植规格为（1.2米×1.2米）×3米×4米，667米^{2}植55.6团、167株，或（1.3米×1.3米）×4米×5米，667米^{2}植33.3团、100株。五株团栽植规格为（1.3米×1.3米）×5米×5米，667米^{2}植26.7团、133.5株。桃树栽植密度与选择的树形有关，不同的树形和不同的树团配置，详见第五章（图5-1至图5-7）。

（三）定植技术

按照选择的团状模式挖定植穴，定植穴的长、宽、深均为60厘米，即60厘米×60厘米×60厘米。定植穴土分两堆堆放，即上层阳土（1～30厘米）堆成一堆，下层阴

土(30～60 厘米)另堆成一堆。每穴施腐熟农家肥 10～20 千克,或施鸡粪、羊粪等 5～10 千克,与上层阳土混合后填入穴内下层,高度在 30 厘米以下,避免填肥土超过 30 厘米时易造成烧根,影响成活和生长。肥土填入穴内后,其上再填 10 厘米左右的纯阳土,使肥土与根系隔开,然后浇水压实肥土,停 3～5 天后定植桃苗。定植时先把根系蘸上泥浆,然后把苗放入穴内,填土至原地面平,嫁接口要高出地面 2～5 厘米。栽植时一定要把授粉树按 2～4∶1 的比例合理配置。

(四)挖固定肥水穴

定点施肥浇水技术是在长期的实践中探索总结出来的实用新技术,是果树地下管理的一种创新模式。它解决了地面上撒肥和多点施肥所造成的费工费时和浪费肥料的问题,同时解决了地面普浇水渗透土层浅、不能满足桃树根系充分吸入水肥的问题。定点肥水穴的数量是根据选择的不同树团而多少不同。如等边三角形三株团需挖固定肥水穴 4 个,其中 3 株树的中间位置挖 1 穴,每相邻两株树的中心点向外移两树距的 1/2 为固定肥水穴。平行四边形的四株团需挖固定肥水穴 5 个,其中在中心位置确定一个长方形肥水穴,其他 4 个肥水穴均在两株树中心点向外移两树距的 1/2 为固定肥水穴位置。呈梯形的五株团,挖肥水穴 7 个,其中树团中间挖 2 个固定肥水穴,外围挖 5 个固定肥水穴。每两树之间中心点外移

两树距的 1/2 为固定肥水穴位置。固定肥水穴的大小，四株团呈平行四边形配置的中心点肥水穴为长方形，长 80 厘米，宽 50 厘米，深 50 厘米。其他固定肥水穴均为直径 50 厘米，深 50 厘米的圆形穴。

(五)定点施肥浇水

固定肥水穴是施肥浇水一体化的基础。对当年定植的小树，第一次固定穴内施肥，以作物秸秆、杂草和农家肥(或饼肥、圈肥)3 种材料组成。在穴内填 2/3 的作物秸秆或杂草，填 1/3 的农家肥(或饼肥、圈肥)。分 3 层填埋，穴底为第一层，先填秸秆杂草，然后压一层农家肥，依次填平，上覆 10 厘米厚的壤土，压实和封闭肥水穴上口，在填埋秸秆、农家肥时，每穴内施含氮、磷、钾各 15%的复合肥 1 千克，分两次施入，第一次在填穴一半深度时撒在农家肥上面 0.5 千克，第二次在填穴 2/3 时平撒于表面 0.5 千克。

完成施肥后应及时浇水。已安装小管流灌设备的，可开泵直接浇灌固定肥水穴。未安装小管流灌设备，仍按传统的漫灌法只浇灌有固定肥水穴畦。掌握流满畦田即可，不要再浇大水，因固定穴内已渗入充足的水。计划春季定植的果园，也应在冬季以前挖固定肥水穴，按上述标准要求填入基肥和复合肥，提前腐熟有机肥，有利于开春桃苗对肥料的有效吸收。

二、定植后管理

(一)涂　干

12 月份至翌年 3 月份用石灰水或石硫合剂的残渣将苗枝干涂白，以防止冻害、日灼与病虫害的危害。注意石灰水不能太浓，防止烧坏幼嫩皮层和涂白成块脱落。

(二)定　干

当年 12 月份至翌年 3 月份(萌芽前)进行，定干高度应根据苗木质量确定。当年播种、当年嫁接、当年出圃的“三当苗”，剪留 40～60 厘米定干。当年播种、当年嫁接、翌年出圃的 1 年生苗，剪留 70～80 厘米定干。选留高度以饱满芽带为准。芽苗(半成品)剪到“接芽处”，注意抹除砧木上的萌蘖，以促进接芽萌发、生长。

(三)追　肥

5 月下旬，每 667 米^2 追施尿素 10 千克左右，平均每株 0.1 千克，小管流灌的直接施入定点肥水穴中，中心施肥穴要比外围施肥穴用量大 1 倍。无节水灌溉的应在种植带内均匀撒施，撒后浇水即可。6 月中旬，再追一次高氮、低磷、高钾的复合肥，每 667 米^2 15 千克左右，点施于树干周围 0.5 米处和固定施肥穴内。因第一年定植的桃苗根系伸展短，应增加临时施肥点，促进桃树的生长。除两次追肥外，还应根外追肥，于 6 月下旬开始叶面喷磷酸二氢钾或其他多元微肥，间隔 7～10 天喷 1 次，连喷 3 次。有利于二次枝、三次枝的生长发育，促进树冠形成。

（四）化　控

团状高密栽培的果园，要实现第一年栽树、第二年 667 米^2 产 1 000 千克以上的目标，在管理上必须采取先促后控的措施。两次追肥和 3 次根外追肥已完成了先促树冠形成、枝条和枝量已具备挂果条件。此时应用多效唑和 PBO 化控催花。于 7 月上旬，用 15％多效唑可湿性粉剂 150～200 倍液第一次叶面喷施，根据桃树对多效唑的敏感程度确定具体使用量。7 月下旬再用 15％多效唑可湿性粉剂 150 倍液，第二次叶面喷施。第二次喷施 2 周后，观察化控效果，如无新梢旺长，可使用低浓度的 PBO 于 8 月中旬喷施。如仍有旺盛新梢生长，可使用高浓度 PBO 第二次化控。因 PBO 中含有大量微量元素，使用浓度低时有促进枝条生长发育的作用，浓度高时能控制生长，促进发育，有利于花芽分化和提高花芽的饱满度。

（五）病虫防治

桃树主要虫害是蚜虫、红蜘蛛、食心虫、天牛等，主要病害是细菌性穿孔病和缩叶病。发现病虫害及时喷药防治。

第二节 土、肥、水管理

一、间作与覆盖

(一)间 作

1～3 年生桃树,在未挂果前由于树冠小、行距空间较大,光照充足,可适当种植些矮秆高效作物,在桃树未见收入的情况下,利用间作收入来弥补投资额的不足。可间作的高效作物:①草莓,每 667 米^2 产 1 000～1 500 千克,按 3 元/千克,667 米^2 收入 3 000～4 500元。②西瓜,667 米^2 产 4 000 千克左右,1 元/千克,667 米^2 收入 4 000 元。③甜瓜,667 米^2 产 3000 千克左右,1.5 元/千克,667 米^2 收入 4 500 元。④花生,667 米^2 产 300 千克,4 元/千克,667 米^2 收入 1200 元。⑤豆类,667 米^2 产 400 千克,4 元/千克,667 米^2 收入 1 600 元。⑥油菜,667 米^2 产 200 千克,6 元/千克,种子可收入 1 200 元,在晚秋可卖一茬油菜叶,667 米^2 产 1 000 千克,1 元/千克,收入 1 000 元,两项合计收入 2 200 元。同时油菜根是肉质根,是很好的有机肥,油菜花又是蜜源,又可观赏。避免间作十字花科植物,防止病虫传播。无论何种间作物,要以桃树树干为中心,周围 1 米以内不间作作物,以防止影响桃树的生长。

(二)覆 盖

质地差的土壤,为起到改良土壤的作用,利用行间可

种植绿肥，或结合养殖种植牧草。如圆叶决明、苕子、三叶草、黑麦草、草木樨、田菁、紫花苜蓿等。有些生长较高的草种或牧草类，要定期刈割，刈割的牧草可饲养牲畜用，绿肥可覆盖桃树行内地面，可起到保墒、抑制杂草产生，降低夏季地温的作用；同时，这些覆盖物腐熟后又是很好的有机肥，可增加土壤有机质含量，改善土壤团粒结构，提高土壤肥力。但覆草会增加虫害和鼠害，需加强防治。

二、施　肥

（一）施肥时期

桃树基肥一般在秋季 10 月份施入。此时的气温还高，还处于根系的生长活动期，又是养分的储藏期，对当年的花芽分化的数量和翌年的桃树发芽、展叶、开花、坐果起关键作用。基肥以农家肥和饼肥，混合三元复合肥效果较好。基肥的施用比例：早熟品种施肥量占全年施肥量的 70%～80%，中、晚熟品种占施肥量的 50%～60%。6 月中旬追施 1 次三元复合肥，早熟品种占施肥量的 10%，中、晚熟品种占施肥量的 20%～35%。早熟品种施肥时间应提前到 4 月下旬至 5 月上旬。采果后施还原肥，早熟品种占 10%左右，中、晚熟品种占 15%～20%。

（二）施 肥 量

具体施肥量应依目标产量、土壤、品种、树龄、树势等

差异而有别。早熟品种、土壤肥沃、树龄小、树势强的施肥量要少一些；反之，晚熟品种、土壤瘠薄、树龄大、树势弱的施肥量要大一些。

桃树幼龄期施肥，可按株计算施肥量，也可按定点施肥穴计算施肥量。1～2 年生幼树，每株年施农家肥（猪粪、羊粪、牛粪等）10 千克，含氮、磷、钾各 15%的复合肥 0.4 千克，高氮低磷高钾的复合肥 0.4 千克。农家肥于 10 月一次性填入定点施肥穴中。追肥分两次进行，第一次追施含氮、磷、钾各 15%的复合肥，第二次追高氮低磷高钾的复合肥。3～4 年生桃树每株施农家肥 20 千克，高氮低磷高钾的复合肥 0.6 千克。

（三）施肥方法

1. 定点穴施 年每株施用的农家肥一次性施入定点穴中。因团状栽植的株数与模式不同，定点施肥穴的数量也不一样。应按树团计算施肥总量，然后按施肥穴总数平分施于每一穴中。如三角形三株团模式，每团树内设计有 4 个施肥穴，三株团的施肥总量除以 4 即等于每一固定施肥穴的量。计算公式为 10 千克×3÷4＝7.5 千克（每穴农家肥施用量）。按同样的计算方法算出每一固定穴内的追肥量。

2. 根外追肥 用喷雾器给桃树叶面喷肥，可促进桃树新梢的正常生长，矫正营养缺素症，促进花芽分化和桃品质与产量的提高。叶面追肥一般在 4～7 月份进行。

4～5 月份以喷施大量元素和中量元素为主，6～7 月份喷施中、微量元素。每月喷施 2～3 次。

三、耕作与除草

（一）耕　作

有清耕、生草、覆草、免耕 4 种方法，每一种方法有其优点，也有其缺点。目前国内采用较多的有清耕法，行间生草（绿肥或牧草）或自然生草，刈割后压埋于树冠下或株间，以及用其他秸秆等有机物覆盖。中国农业科学院郑州果树研究所何水涛、王志强、陈汉杰等编著的《桃优质丰产栽培技术彩色图说》中，对不同类型的耕作方法优缺点做了详细的介绍（表 6-1）。

表 6-1　清耕、覆盖和生草法的优缺点

项　目	防止土壤侵蚀	增加地力	供给水分	缓和地温	防治病虫害	鼠　害	产　量	减少落果	省　工	省材料
清耕法	－	－	＋	－	＋	＋	±	－	－	＋
生草法	＋	＋	－	＋	－	＋	±	＋	±	＋
覆盖法	＋	＋	＋	＋	－	－	＋	＋	＋	－

注："＋"示正效应，"－"示负效应。

1. 清耕　即园内不间种作物，经常进行耕作除草的一种土壤管理方法。一般秋季深耕 1 次，春、夏季中耕除草多次，使土壤保持疏松无杂草状态。优点：能除草，使土壤保肥、保水。缺点：长期清耕，破坏了土壤结构，土壤中有机质含量减少快，土壤流失严重。

2. 生草 在树盘内或株间不清耕，使用化学除草剂除草。行间自然生草或人工种草，然后刈割覆盖于地面的一种土壤管理方法。优点：可提高土壤有机质含量，防止水土流失。缺点：无灌溉条件的地区，易于桃树争水争肥，尤其春季表现更为明显。

3. 覆草 不进行耕作，树冠内或全园覆盖10厘米厚的杂草或秸秆，待秸秆或杂草腐烂后，再重新覆草的一种方法。优点：维持土壤结构，促进团粒结构形成，可抑制杂草生长，减少水分蒸发，防止土壤流失，增加有机质含量。缺点：增加虫害和鼠害，不利于根向深层生长，沟施肥不方便。

4. 免耕 即土壤不耕作，使用除草剂防除地表杂草的一种方法。

（二）除　草

1. 人工除草 结合中耕进行，一般秋季深耕1次，靠树干深10～15厘米，远离树干的地方耕深20～30厘米；春、夏浅耕（深5～10厘米）2～4次。

2. 化学除草 可在春季杂草未出土或出土初期喷1次，以后根据生草情况和生草种类，选择除草剂品种，在无风天气喷施。在行间可用草甘膦杀死多年生杂草，或百草枯杀死1～2年生杂草。但这两种除草剂不要喷在桃树叶面或枝干上，造成桃树受害甚至死亡。离树近的地方，应用对桃树无害的除草剂。除草剂要尽量少用，控

制施用次数，长期使用会对土壤造成污染。

四、排水与灌溉

（一）排　水

桃树不耐涝，积水2～3天，便发生死树现象。因此，在雨季要特别注意排水，利用桃园道路两侧、防护林边缘及作业道两侧挖排水沟，使沟与沟之间，纵横相连，然后将水排入指定的坑塘、排水渠或河流。在北方干旱、半干旱地区，有条件的地方最好把雨水收集起来，在园内或园外不远的地方修建蓄水池，收集雨水，待干旱时可提水浇灌，最好与小管流灌结合起来，这样既节约水资源，又节约开支。

（二）浇　水

桃树耐旱性较强，在果实成熟期间（采前15～20天）适当干燥，有利于糖分的积累，提早成熟；但过于干旱，会造成果实膨大不良、涩味增加，品质降低。冬季缺水，会使秋施的基肥浸透水解慢，在桃树花期、幼果期对基肥的吸收量很少，会加重生理落果。果实成熟之前水分过大，会使果实糖度降低。

1. 浇水的关键时期与浇水量　桃需水的关键时期有2个，即花期和果实膨大期。花期水分不足，会影响桃树的新梢生长，导致生长量缓慢，长、中果枝减少。果实的最后迅速生长期（膨大期），土壤严重干旱，可影响果实细

胞体积的增大，因而减少果实重量和体积。因此，这两个时期要尽量满足桃树对水分的需求。桃树花期需水量大，但还要切忌花期浇水，易造成落花现象，直接影响当年的产量。在萌芽前后浇透水，完全可以满足桃树发芽、展叶和开花对水分的需要。具体时间应根据当地气候条件而定，北方地区一般在3月上旬至4月上旬。一般每次的浇水量每667米^2 10～20吨，半干旱和干旱地区每667米^2 20～30吨。如采用水肥一体化的灌溉方式，即在定点施肥穴中定向小流管微灌，可节约用水50%～70%。每一个施肥穴中注入小流管，注水量每穴15～20升，流灌时间为6小时，平均每小时注水量为2.5～3.5升。如采用三株团(1.2米×1.2米)×3米×4米的栽植规格，每667米^{2}植树55.6团、167株，每团树设计4个施肥穴，每667米^{2}有施肥穴222个(4×55.6)，每667米^{2}微浇水量为4.44吨(20升×222＝4440升)，比传统浇水量每667米^{2}节约用水55.6%～77.8%，节水效果明显，特别是在北方地下水匮乏的情况下，推广此水肥一体化的管理模式尤为重要。

2. 浇水方法 有沟灌、管灌、树盘浇水、喷灌、微喷灌、渗灌等方式。根据水源、地形、水利设施等综合考虑后，选择灌溉方式。总的要求是节水，使水分渗透到根系分布最多的土层，保持一定的土壤湿度。团状栽植的桃园、有固定的施肥穴，在施肥穴内浇水，一般应采用小流管微灌或滴管的方法。以小流管微灌最为适宜。

第三节　幼龄园早果早丰技术

一、清穴扩穴，增施肥料

桃树根系生长很快，为了把70%以上的桃树根系固定在营养穴内，通过定期在穴内施肥浇水，经常保持有充足的水分和养分，使穴内大量的吸收根汲取营养供给桃树生长发育。随着桃树的生长，对水肥的需求量越来越大。同时，穴内的有机物逐步完成分解，肥效会逐步降低。因此需要定期清穴和扩穴，重新填入秸秆、杂草、树叶和农家肥等，以增加有机肥的施用量。一般2年清穴1次，在同一团树内要轮换清穴，如第一年清中心位置的施肥穴，第二年清外围的施肥穴，以后依次每2年清理1次。从第一次清穴开始，就要扩穴，把施肥穴从原来的直径50厘米扩大到直径60厘米（三株团，株距1米的不再扩穴），以后不再扩大。扩穴后每穴的容积为0.1413米^3，比原穴0.0981米^{3}增加0.0432米^3，增加了44%。

每穴施含氮、磷、钾各15%的复合肥1～1.5千克，与其他有机物混合填入穴内。清穴换施基肥的时间最好在10月份进行，完成清穴、施肥后，对全园应普浇1次，特别是安装小流管微灌或滴灌设备的桃园，清穴施肥后必须及时普浇透水。因为每一团树（3～5株）70%的吸收根存活于定点施肥穴中，按轮换清穴（每年清穴50%的数量）计算，吸收根将被破坏35%左右，直接影响

当年后期生长和第二年的生长。所以，及时浇水，增加穴内的湿度，有利于微生物的活动与繁殖，促进有机物的分解，为翌年春季桃树根系的生长、恢复及吸收营养打好基础。

二、适度轻剪，促早成形

(一)树体的结构

1. 主干 从地面到主枝的分枝处叫主干。密植桃园定干应略高些，一般为 60～70 厘米。

2. 主枝 在主干上形成的骨干枝称为主枝。高密栽培的桃园，主枝上直接着生中、小型枝组。主干形主枝角度为 80°～90°，“Y”形主枝角度为 45°～50°，弯曲主干形（主干改良形），是将主干 1.7～1.8 米处向外弯曲开张角度为 40°～45°（东西两侧开角度），三角形三株团南边 1 株向外开张 50°～60°，如果把 3 棵树看成一个整体，就形成了组合式高位开心形树形。

3. 侧枝（结果枝组） 着生在主枝上的枝叫侧枝，根据枝组着生的部位可分为大（10 个分枝以上）、中（6～9 个分枝）、小（5 个及以下）侧枝（或结果枝组）。主干形桃树，下部留 2～3 个大型主枝，主枝上配置大、中型侧枝；中部以中型主枝为主，主枝上配置中、小型侧枝，以中型结果枝为主；上部着生小型主枝，其上配置小、中型枝组，以小型枝组为主。“Y”形树形，两主枝基部各着生 1～2 个大型结果枝组，中间部位着生中小型侧枝，以中型为

主，先端部分以小型侧枝为主，中小型侧枝合理搭配。弯曲主干形树形主枝上的侧枝配置与主干形基本相同。

（二）整形修剪的目的

第一，根据不同品种的特性，培育出骨架牢固、便于管理的树体。

第二，树冠内外枝组配置合理，改善通风透光条件，调节营养分配方向，提高果实质量。

第三，调节树体营养生长与生殖生长的矛盾，使树体生长、结果基本平衡，每年结果稳定，维持较长寿命。

第四，减少病虫害的发生。

（三）修剪方法和作用

1. 疏剪（疏枝）　将枝条从基部彻底剪去称疏枝。夏剪和冬剪均可采用，主要目的是让树体通风透光良好，有利于叶片的光合作用。疏枝后留下的剪口有促进剪口下萌发新枝和削弱剪口上的生长势。疏枝对其主枝及其树体而言，起到减弱和缓和生长势的作用。

2. 短截　对1年生的枝留下一部分进行剪切称为短截。以剪去（或留下）的长度分重短截（剪去枝长的2/3以上），中短截（剪切枝长的1/2以上），轻短截（剪去枝长的1/3以上）。夏季短截易造成新梢生长延缓，花芽质量下降的不良影响；冬季短截的作用主要有2个：①促发新梢，但与长放相比，使被短截的枝条增粗缓慢。②稳定坐果，短截后的果枝，可储藏的养分有效集中供应留下的花芽，促进坐果率提高和良好的发育。

3. 回缩 将2年生以上的枝（多年生枝）留一定长度，缩剪回去称为回缩。与短截一样分重回缩、中回缩、轻回缩。回缩的主要目的是更新复壮，促进新梢的发生和健壮生长，集中养分供应，防止内膛空虚和结果部位外移。

4. 长放（甩放） 即对新梢不动剪，让其自然生长，可缓和生长势，促进花芽形成。长放在幼树有空间的侧生徒长枝和延长头应用较多，夏季内部扭曲的徒长枝、徒长性果枝培育结果枝组时也应用此法。

5. 抹芽 将萌发的新枝或短梢，用手（或剪子）抹（剪）去。以降低枝条密度，节约营养消耗。多在3年生以下的幼树上应用，特别是骨干枝上的背上枝、芽上应用较多。

6. 扭梢、折梢 即对25厘米以上半木质化的绿色直立新梢，用手旋转扭曲成90°下垂或水平生长，枝条的木质部受损，韧皮部仍然连接良好。可有效控制新梢徒长，缓和生长势，促进花芽形成。折梢就是将10～15厘米长的新梢，用手指从上向下轻轻按下，使新梢折成水平状，其木质部受损，韧皮部良好。其作用与扭梢一样，起到开张角度，缓和生长势和促进形成花芽的作用。

7. 拉枝、开角 将直立新梢或角度过小的骨干枝，用线绳拉成整形所需要的角度称拉枝。以便形成良好的骨

架，促进树体与枝条的营养生长向生殖生长转化。拉枝是改变枝生长方向的最易实施的方法，在多种果树上应用广泛。但在桃树上笔者认为尽量少用此法，最好是用修剪来调节角度，使主干或主枝弯曲延伸生长，可起到抑制顶端优势，促进下部的侧枝生长和延长侧枝的寿命及结果年限；而拉枝只能开角度，不能抑制顶端旺长，因主枝的延长枝头未经剪截，木质部中输送水分和养分的导管未受伤损，仍有较强的顶端优势，因此在一个主枝上各枝组所能供给的养分是不均匀的，造成先端枝组营养多，后部的枝组营养少的现象。

8. 摘心　即将新梢前端的幼嫩部分用手摘去，分轻摘心（摘去1～3厘米）和重摘心（摘去8～12厘米）。摘心的时期不同，其效果和作用完全不同。前期摘心（6月上旬以前）促进了新梢、副梢数量的发生和增加，减弱了被摘心新梢的增粗；后期摘心（7月下旬以后）减缓了新梢的生长速度或使其停长，促进了新梢粗度的增加和花芽分化。

（四）幼树修剪的具体操作方法

桃树以夏剪为主，以冬剪为辅。团状高密栽植的幼树，"轻剪长放"缓和树势有利于花芽的形成，但幼树重点以培养树体骨架为主，株距在2米以内的密植园，一般采用主干形（包括柱形）、"Y"形或弯曲主干形。

1. 第一年

(1)团状主干形　选留5～7个饱满芽定干,选一直立强壮新梢为主干延长枝,其余斜生和直立新梢利用拉枝或扭梢的方法,开张成80°～90°,控制其生长,新梢延长头的互相间隔为20～25厘米。疏除新梢过长过旺的主枝,保持主干上着生的主枝均衡生长。主干新梢长50～60厘米时摘心,摘长10厘米嫩梢,破坏木质部导管的垂直流向,促使侧枝早萌生。连续进行2～3次主干新梢摘心,促使树冠形成。主干上萌生出的主枝长40厘米时摘心,生长期可连续进行2次摘心,促早形成侧枝(即结果枝组)。主干和主枝摘心应在6月底以前完成,7月份以后不再摘心。因摘心过晚易造成后期新梢旺长,萌发的新枝木质化程度差,当年不能形成花芽,又消耗大量营养,影响正常结果枝的花芽分化,会大大降低花芽质量。冬季修剪时,对粗壮的长果枝长放不剪,中长果枝从8～12节花芽处剪除,疏除部分细弱果枝和过密果枝。对未形成花芽的枝条,留2～3芽全部剪除。中心主干剪留至饱满芽处,剪留长度为当年生长量的1/3。7月份喷施15%多效唑可湿性粉剂150～200倍液2～3次,以促进花芽形成(图6-1,图6-2)。

(2)团状"Y"形　定干后,当新梢长到40～50厘米时,选择生长势强、向行间延伸的预备枝,用拉枝、撑枝等方法使其角度开张成45°,两主枝不应在同一高度选留,应间隔10～15厘米选留较适宜;因在同一位置留枝,大

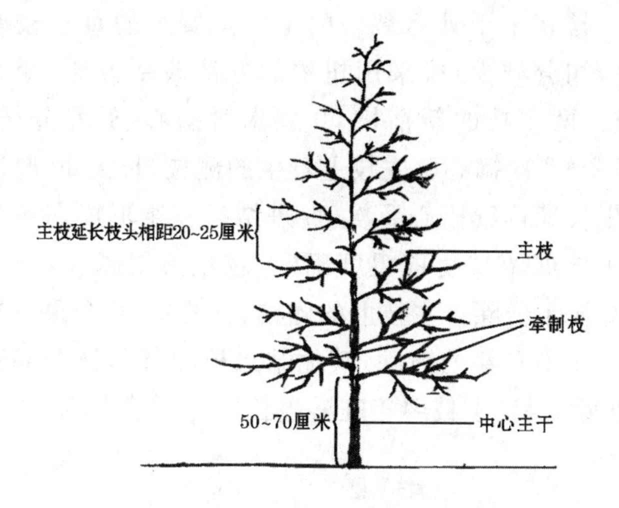

图 6-1　桃主干形幼龄期树体结构

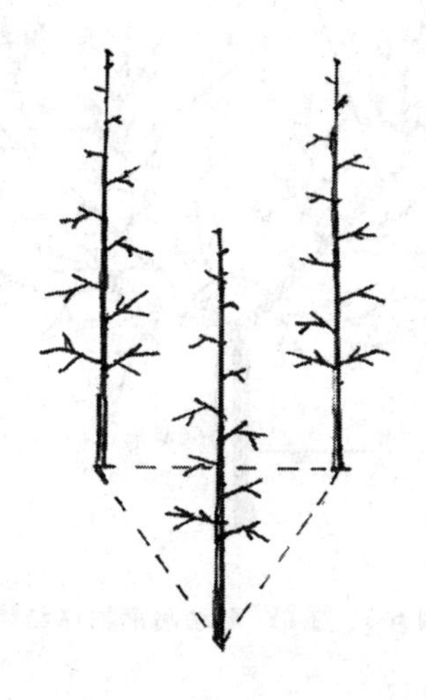

图 6-2　桃三角形三株团主干形结构分布

量结果后，易在主干处劈裂。两主枝上着生的直立枝要及时剪除，如分枝少，可采用扭梢的办法改变方向，变为斜生侧枝。两主枝的新梢长 50 厘米时摘心，促发分枝，生长期可 2～3 次摘心。主枝上着生的侧枝，长到 30 厘米时摘心，生长期连续摘心 2 次，促进结果枝组形成。冬季修剪时，主枝剪留长度依粗度确定，越粗剪留越长，一般留 50～60 厘米剪除。主枝上的侧枝，选留 2～3 个果枝长放，或 8～12 节花芽处剪除，其他结果枝和营养枝全部留 2～3 芽剪除，保证主枝翌年旺盛生长(图 6-3 至图 6-5)。

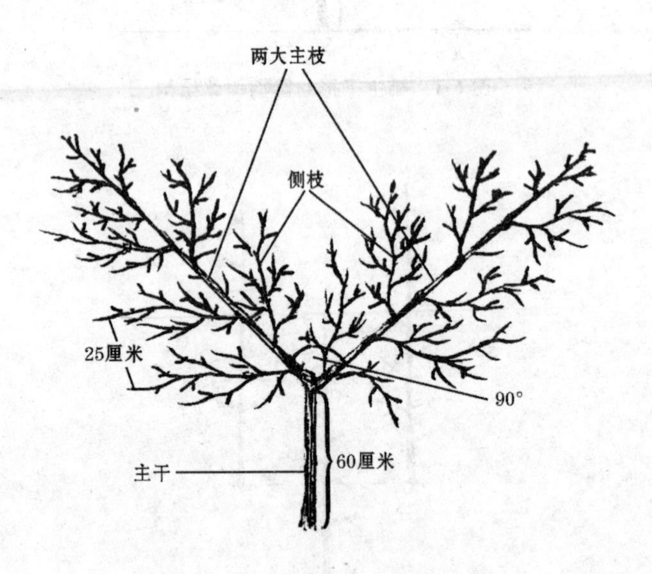

图 6-3 桃"Y"形幼龄期树体结构

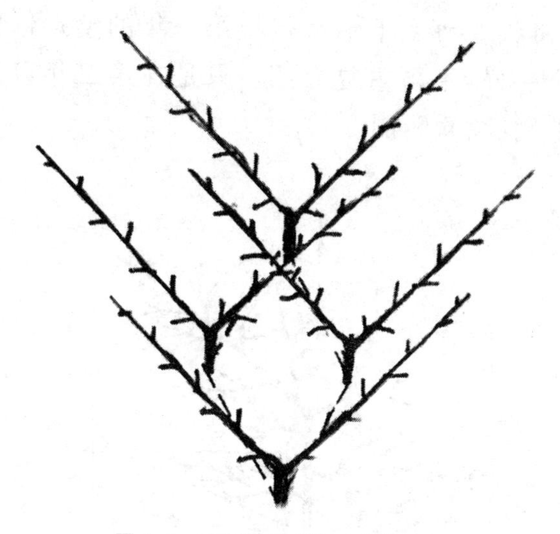

图 6-4　桃“Y”形四株团结构分布

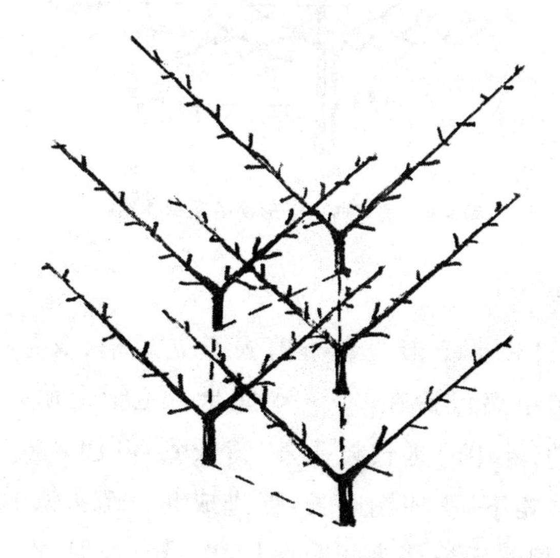

图 6-5　桃“Y”形五株团结构分布

(3)团状弯曲主干形　定植第一年的整形修剪与主干形完全一样，不再重复介绍。只是在第二年以后整形修剪有差别(图 6-6，图 6-7)。

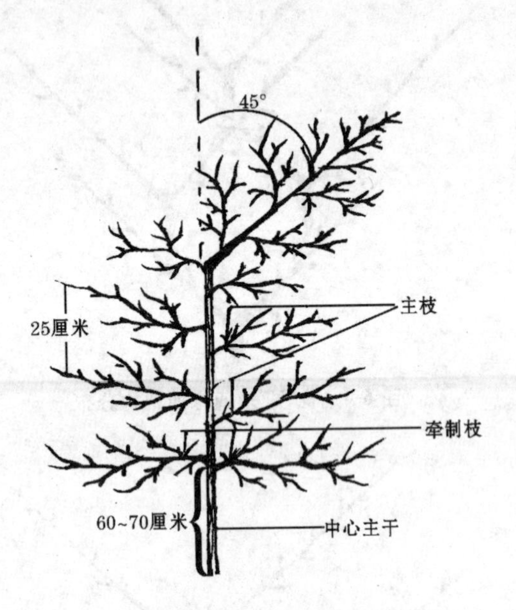

图 6-6　桃弯曲主干形幼龄期树体结构

2. 第二年

(1)团状主干形　春季剪去直立短梢、双芽(梢)，使同侧新梢距离保持在 20～25 厘米。主干上萌发生长的直立新梢(除中心延长枝头外)待长到 30 厘米左右时，将其扭平或略下垂，控制旺长，促进成花。疏去旺长枝和细弱枝，使相邻新梢梢头间距保持在 20～25 厘米。结果枝上的新梢在 5 月下旬或 6 月上旬缩剪到着生果实的新梢

上，粗壮的留 4～5 个新梢，较细的留 2～3 个新梢。疏剪密生枝、细弱枝和直立旺长枝，改善通风透光条件。疏除主枝延长枝头剪口下第二年萌发的新梢。中心主干延长枝长到 50 厘米时进行摘心，以促发副梢。其余新梢在 7 月中下旬未停长时全部摘心，以促进停长，形成花芽。

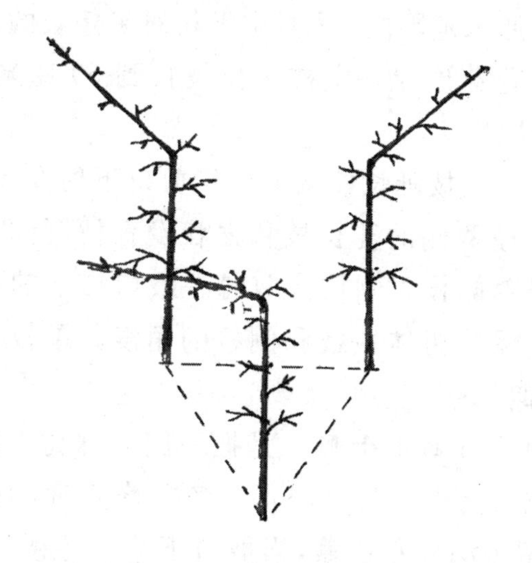

图 6-7　桃三角形三株团弯曲主干形结构分布

冬季修剪时，中心干剪去当年生长的 1/3，疏除影响中心主干生长的大型主枝，在主干下部(地上 60～70 厘米处)留 2～3 个大型主枝，作为牵制枝，以防上强下弱，易造成下部早衰光秃。主干中部着生的主枝，应以中型结果枝组为主、中小型枝组合理搭配；主干上部着生的主枝，应培养小型结果枝组为主，合理配置中型果枝；一侧相邻的果枝间距应在 25 厘米以上。对果枝的修剪：长果

枝留 9～12 节花芽，中果枝留 6～8 节花芽，短果枝不剪。疏去过多的果枝、更新枝（留 2 个芽）、营养枝全部留 2 个芽疏除。

(2)团状“Y”形　春季抹去直立短枝和双芽枝。夏季修剪粗壮的直立枝和细弱枝，使相邻新梢梢头距离保持在 20～25 厘米范围内。7 月中下旬对未停长的新梢全部摘心，促进花芽形成。主枝延长枝长到 50 厘米时摘心，以促发侧枝。

冬剪时，主枝延长枝从上一年剪口下留 50～70 厘米剪截，对主枝两侧的徒长枝和强壮发育枝，留 3～4 个芽剪截，以培养侧枝。侧枝修剪时一般剪口下的芽留外芽和侧芽，以保持树体主枝和侧枝的角度。果枝的剪留与主干形相似。

(3)团状弯曲主干形　是把一团 3 株树看成一个整体，整形成为高位延迟开心形。冬季修剪时，主干 1.7～1.8 米处留饱满外芽剪截，当剪口下第一芽枝长到 50 厘米时，用拉枝方法其角度向外倾斜 45°，并将延长枝头摘心，以后每长 50 厘米时摘一次心，总长度控制在 1.2 米左右。夏季修剪，主干直立部分着生的主枝，在下部留 2～3 个牵制枝（即大型主枝），其余留生长健壮的中型主枝，其主枝上配置大、中型结果枝组，以中型枝组为主。每一侧相邻两侧枝的延长枝头间隔 20～25 厘米，及时疏除侧枝上部着生的强旺直立枝和下部的过粗枝，保持主干与主枝、主枝与侧枝（结果枝组）的平衡生长。其他修剪方法

及管理措施与主干形基本相同。

3. 第 三 年

(1)主干形　夏季修剪与第二年相同。冬季修剪以中、小型结果枝组的回缩、更新作为重点。回缩枝组前端的果枝，一般小型枝组留3～5个长、中果枝，中型枝组留6～8个果枝，果枝枝头间隔25厘米左右。按果枝∶预备更新枝＝1.5∶1的比例留更新枝。更新枝一般选粗壮的徒长性果枝和长果枝留2节芽剪除。回缩主枝和中心干的延长头时，以留中庸果枝带头，防止结果部位外移。极早熟品种和大棚早熟品种，在水肥条件较好的情况下，可在6月上旬以前(采果后)对粗壮果枝留5～7厘米回剪，让其重新萌发新梢后形成花芽。对中庸、细弱枝可留2～4节芽回缩，复壮后花芽形成良好。

(2)“Y”形　夏剪与第二年相似，冬剪时以培养二、三副主枝和侧枝为主，主枝延长头留40～60厘米剪截，第二、第三副主枝在主枝延长头的两侧选旺枝留3～4节芽剪留。其他修剪方法(枝组更新、果枝剪留、预备比例)与第二年相似。但回缩修剪比第二年重，预备枝的比例按1∶1选留。

(3)弯曲主干形　主干直立部分整形修剪同主干形。上部斜生部分的整形修剪与“Y”形相同。

第七章　成龄园丰产稳产技术

第一节　树冠与团冠的整理

一、树冠整理

团状高密栽植的桃园，为了追求前期的产量，一般留主枝较多，为幼龄桃园实现了早果早丰。但往往幼龄树留主枝过多，进入成龄树阶段(3～4 年及以上)显得拥挤，侧枝与侧枝之间已长郁闭，易出现粗壮的直立大枝和枯死的细弱小枝，形成了内膛光照不足，花芽形成不良，产量降低、品质下降。

(一)疏除“一大一小”

疏除树冠内超过中心干 1/3 粗度的大型主枝(牵制枝除外)和密生主枝；疏除树冠内膛被压的小型细弱枝组，打开光路，集中营养，改善树体通风透光条件，调节树体生长与生殖生长的平衡。

(二)“控上促下”

桃树生长快，多数品种直立性强，顶端优势明显。因此，每年冬剪时应降低树体高度，去掉顶端旺盛生长部

分，留中庸果枝带头，促进中下部枝的生长发育；对下部的主、侧枝修剪时要去弱留强，去下垂留斜生，复壮中下部着生的主、侧枝及结果枝组，以防止下部光秃。

（三）主侧枝布局

团状高密栽培的桃树 667 米^2 植密度在 100～167 株，而且配置方式不同于行状栽植。应把一团树看成是一个整体（看成是 1 棵树），插空均匀选留好主、侧枝的着生位置。主体要求是：按“下多上少，下大上小”的原则，即下部选留主、侧枝要多一些，向上依次逐步减少，这样有利于光照射入中、下部。主、侧枝的大小，也应下部大一些，中、上部依次变小些，也是考虑通风透光问题。在主干上或主枝上着生的主枝和侧枝的间距，一般为下部 25 厘米左右，上部 35 厘米左右。

（四）疏剪结果枝组

夏季要疏除直立枝，旺长枝和细弱枝，使郁闭的树冠变成通透性树冠。冬季修剪时，按“挂果适量，树体健壮”的原则进行。下部果枝与预备枝比例为 1∶1，中部为 1.5∶1，上部 2∶1 修剪。即达到上部多留果，以果压冠控上强，中部适量留量，保持健壮生长，下部适量少留果，促进下部复壮。

二、树团内团冠结构的整理

团状栽培分三株团、四株团和五株团的不同配置形

式，不管哪种配置模式，都可以把一团树看成一个整体，把团内的每一株树看成是一个主枝。因此，在树冠结构整理的同时，首先要进行团冠结构的整理。

（一）树团矫正

树团矫正，是指团内的桃树因浇水时刮风或负载量过大造成树体歪倒、倾斜等现象。应及时用木棍、竹竿或绳子把桃树撑直或拉直，同时向树根部培土，防止再倒伏。

（二）主枝排列

主要是指三株团弯曲主干形和四株团菱形配置的桃树。三株团弯曲主干形，可以把团冠看成是一株延迟开心形树形，在每株主干高 1.8 米处留外枝剪截向外倾斜 45°。呈菱形分布的四株团“Y”形树形，在排列主枝时把向行间垂直伸展的（主枝与行向呈 90°夹角）东西方向改变成东北、西南方向，主枝与行向夹角由 90°变成 45°。这样有利于两大主枝的伸展和有利于行间作业。五株团呈双品字形配置的“Y”形树形，两大主枝间呈 90°夹角向两侧伸展。

（三）绑扶树团

桃树盛果期挂果量大，为防止因负载过重或下大雨刮风造成桃树倒伏等现象，要把一团树用尼龙草（绳）水平将几棵绑扶起来，形成一个整体，减少刮风、下雨等恶劣环境造成的损失。这样，比行状栽植单株立杆绑扶节约了大量资金和人工。

第二节　团状丰产树形结构的保持

一、丰产的基本原理

（一）丰产原理

团状栽培的桃园是根据“无肥不长树、无光不结果”的基础原理而采取的技术管理措施。地下管理水肥不足，就不会有丰产稳产，地上部分树冠内达不到通风透光的条件，也不会结出高品质的果实。具体措施：①采取团状配置的方法，把均匀栽植变成了非均匀栽植，使树团与树团之间保持一定较大的距离，这就给每一团树营造了一个通风透光的环境，解决了均匀栽植行内早期郁闭的缺陷（高密栽植郁闭更为突出）。②采取定点精准施肥，每一团固定了4～7个施肥浇水穴（三株团4个，四株团5个，五株团7个），使穴内经常保持充足的养分，使桃树70%左右的吸收根扎在穴内高营养含量的肥土中，不断地供应桃树地上部分的生长发育。③定点浇水，即在定点穴内浇水，解决了70%根系的直接吸水问题。又通过穴内水分向周围扩展渗透，向固定穴外根系输送水分，解决了地上漫灌和畦灌渗透浅和浪费水的问题。如利用小管流灌的方法可节约用水70%左右。④通过整形修剪等手段，扩大树冠体积和叶面积，改善通风透光条件，培养树体良好的团体结构与个体结构，使团内每一个体能够协调生长，又能保持个体有一个牢固的树体骨架与良好的枝组分布，维持营养生长与生殖生长的基本平衡。

（二）基本指标

当667 米^2 产量达到2 000 千克以上时，已进入盛果期，树冠覆盖率在75%左右，树团之间经常保持70 厘米以上的空间距离，团行间保持1～1.5 米的距离，主干上着生大、中、小主枝12～15 个。经过冬季修剪，使每667 米^2 长、中、短果枝总量达到1.5 万～2 万个，其中长、中果枝应占30%左右。每667 米^2 留果量1.2 万～1.8 万个（因品种而定果，大果稀留，小果密留）。叶面积系数5～7 之间，叶果比早熟品种是25～30∶1；中熟品种35～40∶1；晚熟品种45～50∶1。

（三）树势诊断

成龄的桃树一般在6 月下旬至7 月上旬，有80%左右的新梢停长，梢平均长度在25 厘米左右；叶片大小中等，叶厚、叶色较浓；落叶后，树冠外围、上部与树冠内膛、中、下部新梢生长势差别不大；长、中果枝占25%～29%，徒长性果枝占1%左右，短果枝和花束状果枝占70%～75%；同一品种落叶比较整齐。

二、丰产树形与丰产树团

团状高密栽植的桃园，应以主干形、弯曲主干形和

“Y”形三种为主，即适合露地栽培，更适合大棚栽培。

（一）主 干 形

1. 树体结构　树体结构有中心领导干，在中心领导干上直接着生大、中、小型结果枝组。干高为0.6～0.7米，树高2.5～3米，一般结果枝组12～15个，下部枝组长于中部枝，中部枝组长于上部枝，整个树形成尖塔形。枝组与中心干的角度为80°～90°；上部结果枝组较短，着生角度为70°～80°；结果枝组轮生向上排列，70％～80％的果实着生在中心干中、上部的主枝上。中心干与主枝（结果枝组）的枝粗比为3∶1以上，以下部2～3个牵制枝粗度较大，中、上部依次为中、小型枝组。

2. 树团结构　树团结构是指几棵主干形树组合在一起，就构成树团。树团内株距一般为1.2～1.3米，由于团内株距较近，因此向团内侧生长的枝组下部为中型枝组，中、上部为小型枝组；向树团外侧生长的枝组，下部为大型枝组（牵制枝），中部为中型枝组，上部为小型枝组。主干形多为三株一团呈三角形配置，在生长季节，树与树之间的叶幕距离：下部0.2米左右，中部0.5米左右，上部0.7～0.8米。树团高度2.5～3米，其中南边一株树高比北边两株低0.3米左右，有利于团内光照从上面和南侧上方照入内膛。中、下部两树之间的间隙可直接射入光照，弥补光照不足。

3. 整形过程

(1)第 一 年

①芽苗夏季修剪　嫁接芽萌发生长后，及时抹去砧木上的芽，以防造成对嫁接芽生长的影响。接芽长到30厘米左右时，紧邻树干插一竹竿，用绳套在竹竿上，使萌发的中心新梢垂直向上生长。待新梢长到50厘米时，对中心新梢进行重摘心(摘去10厘米左右)，以促发副梢。副梢长到15厘米左右时用手向下折压，使副梢与中心干呈80°～85°角。当副梢长到30厘米以上时，对斜生和直立副梢进行扭梢，控制副梢过粗过旺生长，以保证中心主梢的顶端优势和加粗生长。及时剪去影响主干生长的徒长副梢，疏除过多的副梢，副梢基部间距为15～20厘米。副梢在7月下旬前不摘心，继续延长生长，8月上旬摘心，促使新梢停长，促进花芽形成。在6～8月份喷施多效唑2～3次促花芽形成。

②成苗夏季修剪　在3～8月份进行，留5～7个芽定干，主干新梢长至50厘米时重摘心(摘心10厘米)使主干新梢上促发新枝。待新梢长至30～40厘米时摘心，并进行扭梢和拉枝，使新梢与中心干呈80°～85°角。对过旺、过粗新梢采取扭梢、拉枝的方法控制旺长，每隔15～20厘米，使新梢从下向上按顺序轮生排列，疏去过旺枝、过密枝，使新梢均匀分布，保留8～10个方位不同的健壮新梢。6～8月份喷施多效唑促花芽形成，具体操作为:6月下旬喷多效唑200倍液，7月中旬喷多效唑180倍液，8月

上旬喷多效唑 150 倍液，可促使花芽形成。

③成苗冬季修剪　落叶后至发芽前进行。对没有形成花芽的发育枝或只在顶部形成少量花芽的结果枝，一般从基部剪除，翌年重新发枝，对已形成花芽的中、长果枝可留 8～10 节花芽剪截，徒长性果枝可剪留 10～12 节花芽；主干上间隔 20 厘米左右留一枝组，多余的要疏除。疏枝重点是疏去徒长枝、细弱枝、病虫枝、密生枝，使果枝枝头距离保持在 20～25 厘米。对粗度超过中心干 1/3 粗度的结果枝组，采取重回缩留弱枝，中上部着生的大枝要疏除。中心干的截留长度应保留中心干2/3～3/4。芽苗的冬季修剪与成苗冬季修剪相同。

(2)第 二 年

①夏季修剪　没有结果的桃树，在 3～8 月份重点进行新梢管理，夏剪与上一年相似，重点剪去直立徒长枝和密生重叠枝，对斜生枝新梢进行折梢和扭梢。已结果的桃树，在第二次落果高峰过后，果实长到豆粒大小时，对新梢进行修剪。主要疏去徒长枝、密生枝，使新梢延长枝头相互之间的距离保持在 20～25 厘米。剪留或疏去未挂果的结果枝，改善通风透光条件，给果实创造良好的发育条件。

②冬季修剪　团状高密栽培的模式，第二年株间已交接，枝组不需再延伸，但着生在下部的牵制枝可根据顶端优势的强弱来确定牵制枝的延伸或回缩。如顶端生长势过强，应培养牵制枝加粗生长和延伸生长；有些品种顶

端优势不强，牵制枝生长过旺、过粗，易形成卡脖现象，影响高生长和加粗生长，类似这些情况，就应重回缩修剪，留弱枝或下垂枝，剪去旺长的延长枝头，促进中心主干的高、粗生长。对其他大、中型结果枝组，已无伸延的空间，重点以回缩修剪为主，调节好树体内部结构，使各类枝条分布合理，控制结果部位外移。疏除中心主干上的竞争枝和枝组上的直立旺枝，对发育枝和徒长枝留 2 个芽剪截。回缩 2 年生结果枝组，控制结果部位不外移。以枝组确定果枝留量，一般中型结果枝组留 6～8 个果枝，小型枝组留 3～5 个果枝；果枝的剪留方法一般为：长、中果枝留 8～10 节花芽（或长放不剪），短果枝剪留 4～6 个花芽。根据树势确定结果枝与预备枝的剪留比例，树势中庸或偏旺，按 2∶1 剪留（结果枝 2，预备枝 1）；树势偏弱按 1∶1 剪留。疏去细弱枝、徒长枝和过密的结果枝。修剪后使结果枝延长枝头的相互距离保持在 20～25 厘米，果枝之间不交叉。中心主干剪去当年枝长的 1/3 左右。

（3）第三年及其以后几年（盛果期阶段） 定植第三年，主干已形成，在主干的下部有 2～3 个大型结果枝组（牵制枝），中部有 4～6 个中型结果枝组（小主枝），主干上部有 4～5 个小型结果枝组。中型枝组由 5～8 个小型枝组构成，单株树形似尖塔形或圆柱形，树团形成塔形。以后修剪的重点是新梢与果实的均匀分布与枝组持续更新。

冬、夏修剪的方法与第二年相似。主要是维持树势

与生长、结果的平衡。适当回缩修剪，更新结果枝组和选留良好粗壮的预备枝，依干粗控制果实的负载量，依牵制枝控制树体上强，防止树冠内部光秃，结果部位外移，持续丰产、稳产。

（二）弯曲主干形

1. 树体结构　是由主干形改良而成。主要不同之处是在主干高1.7～1.8米处，使主干向外侧方向倾斜45°～50°，形成主干中、下部直立，上部弯曲斜生的树形。下、中部结构与主干形相同，斜生部分结构与“Y”形结构相同。改良的主要目的是：改变树体上部的角度，一是可缓和顶端优势造成的上强下弱问题；二是改善树体内部和树团内部的光照条件，实现增加产量、提高品质之目的。

2. 树团结构　弯曲主干形和主干形都是由三角形三株团结构组成，树团的中下部结构与主干形相同，上部斜生主干，团内北侧2株向外侧倾斜40°～45°，南侧1株向外侧倾斜45°～50°。把三棵树看成一个整体，把斜生的中心主干看成是开心形树的3个主枝，一个树团整体形成一个“广口杯形”的树团形状。优点是上部开心形为太阳光直接打开了天窗；树团与树团之间都留一定的空间（团内间隙70厘米左右），树团四周都可以见光。这样的团体结构，很好地解决了树团内部和树团外围的光照问题。

3. 整形过程

（1）第一年　芽苗夏季修剪在3～8月份进行，与前

面说过的主干形夏季修剪相同，冬季修剪也与主干的冬季修剪相同。

(2)第 二 年

①夏季修剪　未结果的桃树，在 4～8 月份重点进行新梢管理，其夏剪与上一年主干形修剪相同，重点剪去直立徒长枝和密生重叠枝，对斜生新梢进行扭梢和折梢。已结果的树，在第二次生理落果过后，幼果向豆粒大小时，对新梢进行处理。主要疏剪密生枝，徒长枝，使新梢延长头相互之间的距离保持在 20～25 厘米，回缩或疏去未挂果的结果枝，以改善树体通风透光条件，促进果实的发育。主干上部斜生部位着生的结果枝组，以留两侧的枝组为主，疏剪背上直立枝组和背下过大的枝组；其他修剪措施同“Y”形修剪。

②冬季修剪　弯曲主干形中心主干中、下直立部分，与主干形修剪方法相同，主要是回缩结果枝组，疏剪直立徒长枝、过密枝和细弱枝。调整好树体内部结构，保证结果部位不外移。对结果枝修剪，掌握长、中果枝 8～12 节剪截，短果枝 2～4 节短截。中型枝组上着生 8～10 个果枝，小型枝组着生 3～5 个果枝。中庸偏旺树果枝与预备枝比例是 2∶1；树势偏弱按 1∶1 剪留。果枝延长头相互之间距离在 25 厘米左右，果枝相互不交叉，斜生部分的中心干剪去当年生长量的 1/3 左右。

(3)第三年至盛果后期　第三年树干及斜生部分已形成，在主干中、下部留6～8 个大中型结果枝组(或称主

枝)，依次轮生排列，主干上部斜生部位留4～6个小型结果枝组(小主枝)分成左右两翼排列；小型枝组剪留3～5个果枝，每一中型枝组上由5～6个小型枝组构成(即15～25个果枝)。以后几年内修剪的重点是新梢和果实的均匀分布，结果枝组的持续更新，选好粗壮的预备枝，控制果实的负载量，防止树冠内部光秃，结果部位外移，保证丰产稳产。

(三)“Y”形

1. 树团及树体的主要指标和要求　树高2～2.5米，干高50～60厘米；主枝2个，每主枝向外倾斜45°～50°，两主枝间夹角呈90°～100°；每一主枝上配置2～3个中型枝组和4～5个小型枝组；叶面积系数5～7，叶幕厚度40～50厘米。果实着生部位，树冠上半部为60%，下半部为40%；团行间不交叉，保留1～1.2米左右的空间；团间保持0.6～0.8米的间隙，每一树团周围都可见光，树团内主枝插空生长，布局均匀，两主枝成东南、西北走向，主枝与行向呈45°夹角(不向行间成直角生长)，中、小枝组配置合理，果实分布均匀，树冠及树团内透光率高，达到丰产的目的。

2. 整形过程

(1)栽后第一年

①定植芽苗　在定植苗附近插木棍或竹竿，待嫁接芽萌发长至20厘米左右时，用尼龙草拢住新梢固定在木

棍或竹竿上，保证新梢直立生长，防止刮风倒伏或折断嫁接新梢。待新梢长到50～60厘米时重摘心，摘去7～10厘米，以促发副梢，待副梢长到40厘米左右时，选择向行间东南、西北斜方向选留两个邻接型强副梢作为预备主枝，并采用拉枝牵引等方法使预备主枝保持45°～55°角，疏去与此竞争的副梢，其他副梢采取扭梢控制以辅养树体。冬季修剪时两个主枝的剪留长度为25～30厘米，一般留外芽或侧芽，背上枝疏剪，其他枝留1～2芽，促进两主枝翌年健壮生长。

②定植成品苗　留50～60厘米定干，待新梢长到30～40厘米时，选留两个生长健壮、朝行间斜生的（东南、西北方向）健壮枝作为预备主枝，疏去与预备主枝竞争的新梢。另外再选1～2个中庸新梢作为辅养枝，并采用扭梢控制，以免与两预备主枝竞争。预备主枝用拉枝、摘心、牵引等方法保持与主干夹角呈45°～50°；同时，保持与行向夹角呈45°角。疏去背上副梢，侧生副梢采用多次摘心方法控制，以确保主枝延长枝头的旺盛生长。冬季修剪时，两个主枝的剪留长度为40～50厘米，选留外芽或侧芽，以保持主枝角度。

（2）栽后第二年

①夏季修剪　主枝上的芽萌发后，剪口下第一芽作主枝延长头，当延长头长到50厘米时摘心，以促发副梢，直立副梢疏除，斜生副梢长到25～30厘米时扭梢。抹去主枝上的双芽中的直立芽（直立枝）和过多的密生枝

(芽),使新梢距离在20～25厘米。剪口下第二、第三芽萌发的新梢作大、中型枝组培养,疏去直立、斜生和密集副梢,其他副梢长到25～30厘米时摘心,或采用扭梢控制,促成花芽。

②冬季修剪　冬剪时依主枝粗度决定主枝剪留长度,一般为25∶1,即枝粗1厘米,留长度25厘米,主枝延长头的剪留长度为50～70厘米,第一芽留外芽或侧芽,第二、第三芽留侧芽,以培养副主枝或侧枝,主枝两侧的徒长枝和徒长性果枝留3～4芽短截培养枝组,其他枝条有花的按长果枝8～10节花芽,徒长性果枝10～12节花芽剪留,或长放不剪。无花的营养枝过多的疏除,余下的留2～3个芽短截。

③枝组培养　团状高密栽培的不培养大型枝组,只培养中、小型枝组。中小型枝组延长头的长度比主枝延长头的距离短20～30厘米,剪留15～35厘米,延长枝头上直立枝疏去,斜生、侧生新梢留3～4芽短截,其余果枝和营养枝的剪留与主枝修剪相同。

(3)栽后第三年至盛果后期　栽后第三年树体骨架已经形成,已有2个主枝,每个主枝上有1～2个中型枝组,全树有2～4个中型枝组,8～10个小型枝组也基本形成。今后已进入盛果期,重点调整树体内部结构和树团与单株树体之间的关系。适当回缩树冠中、下部和中小型枝组,疏剪树冠中上部的直立旺枝,培养中、小型枝组,使其合理分布,使每一树团的主枝、枝组配置均匀,树团

仍可透进光线;树团与树团之间留有透光区,形成树团外围的良好环形光照带,使树体内部结构疏透,树团内部通风透光良好,直至维持到盛果期。

①夏季修剪　春季萌发新梢达5厘米左右时,抹去直立芽(枝),密生芽(枝)和双芽直立枝;5～6月份疏去过多的徒长枝与细弱枝,保留生长势中庸的新梢,使同侧新梢基部间距保持在15～20厘米,骨干枝延长头40～50厘米长时摘心,斜生、直立新梢生长25～30厘米时扭梢控制徒长,以培养上部中型枝组。树冠中、下部的新梢,长到35～40厘米时摘心,使其形成花芽。7～8月份,剪去直立徒长枝,使树冠内部和树团内部通风透光良好。其他新梢让其自然生长,早成花芽。

②冬季修剪　树冠上部主枝延长头剪留长度为50～70厘米。中型果枝一般回剪掉2～3个果枝,小型果枝回剪掉1～2个果枝,并继续以长果枝带头或徒长性果枝带头。夏季扭梢的背上徒长枝,已形成花芽的留7～8个果枝修剪,未形成花芽的副梢全部剪除。中型枝组按7～9个果枝回剪,小型枝组按3～4个果枝回剪。枝组上按果枝∶更新枝=2∶1比例留更新枝(预备枝),即每3个果枝中留2个果枝结果,另一个果枝在第二至第三芽处短截。更新枝一般留中、下部健壮的长果枝或徒长性果枝。结果枝剪留的方法:在南方地区,长果枝留6～8节花芽,中果枝留4～6节花芽,徒长性果枝留8～10节花芽,短果枝不剪。在北方地区,每种果枝比南方地区少留2节花

芽。疏去过多的短果枝和未成花芽的生长枝，余下的留2～3芽短截。至此树团结构基本完成，第四年每667米^{2}产量可达到3 000千克，第五年以后每667米^{2}产量稳定在3 500～4 000千克。

第三节　提高和稳定坐果率

盛果期的桃树，生长势逐年减弱，短果枝逐年增加。一般坐果率达到15%以上时便能丰产。坐果的多少，是根据品种，目标产量和质量、树龄和树势以及土壤条件等因素来确定。但在生产过程中，往往会出现坐果率偏低和坐果过多的两大问题，不是造成产量偏低，就是造成果实质量较差，都直接影响果农的经济收入。

一、坐果率低的原因及措施

造成坐果率低的主要原因有生理落果、机械性落果（如大风）、病虫危害（蚜虫危害花），其中机械性落果和病虫危害落果好识别，而生理落果则比较复杂，有树体本身的原因，也有气候和管理方面等原因加重生理落果的产生。一般生理落果有3次。

（一）第一次落果（落花）

一般在开花后的1～2周内脱落（落花），此期落花原因为：①雌蕊或胚珠退化（形成了不完全花）。②开花期的霜害或冻害造成落花，树体1.5米以下受害严重。

1. 原因 上一年因病虫危害、土壤积水、过度干旱、施肥不足或树冠郁闭造成的早期落叶(9 月底以前的落叶),使树体储藏营养不足,不完全花增加。

2. 措施 ①按技术要求进行病虫害防治、水肥管理、整形修剪和疏花疏果,使树体在 10 月下旬至 11 月上旬正常落叶,增加树体营养,提高花芽质量、降低落果率。②花期气温下降到-0.5℃~-1℃时,可用石油、禾草等混合点燃熏烟,以提高温度,防止花期冻害。

(二)第二次落果

发生在开花后的第 3~4 周。此次落果原因是低温、连阴雨、花粉不能散开传播,雌蕊不能受精,即此次落果是果实未能受精而落果。雌性器官发育不全,雄性器官发育不完全,没有形成花粉(无花粉品种)或者花粉量少,不能完全受精,造成未受精的果实脱落。

1. 原因 我国南方地区此期因连阴雨,造成湿度过大,温度过低,花粉不能散开,昆虫不能活动传粉或花粉发芽后低温不能受精,造成大量的未受精果实脱落。

有些品种如安农水蜜、川中白桃等本身没有花粉,如未配置授粉树或授粉树低于 20%时,第二次落果较多。

2. 措施

(1)合理配置品种 无花粉的品种按主栽品种、授粉品种为 2~3∶1 配置花期相遇,花粉大的授粉树品种如大久保、白凤、红不软等。

(2)进行人工授粉　具体方法是：①桃花露红或刚开时，采集花蕾或花，除去花瓣。②让花药在20℃～25℃、空气相对湿度65%～80%条件下，贮放1～2天，让花粉溢出。③在花开50%时进行第一次授粉，在落花20%～30%时进行第二次授粉，将花粉按1∶20与滑石粉或淀粉混合，用授粉器或毛笔、棉棒、橡皮等给花柱授粉。

(3)放蜜蜂、壁蜂　每2 001～2 668米^{2}准备1箱蜜蜂，对花粉少或无花粉的品种，在花芽萌动时移入园内，在花开50%时，放出蜜蜂，让其采蜜授粉。

(三)第三次落果

发生在5月下旬至6月上旬。从花后的30天开始，一直到硬核期。与前两次不同的是已经受精的果实发生脱落，果实落下后，果梗残留在树上。

1. 原因　果实生长过程中果实内部的胚因营养不足停止发育或死亡，而造成受精果实脱落。受精胚在形成和迅速发育过程中，需要大量蛋白质，而合成蛋白质需要碳水化合物和氮素。此期(5月中下旬至6月上旬)正是胚急速发育期和枝叶旺盛生长期。因此，果实与枝条之间养分竞争激烈，而枝叶生长处于养分竞争的主动状态，果实处于被动状态；枝叶的旺盛生长阻碍了胚的发育，引起落果。

果肉细胞迅速膨大，使果实内部的核裂开，也是造成落果的原因之一。

2. 措施 地上部分控制新梢旺长和适量疏枝疏果，地下部分防止氮素过多，水分过多与不足，是防治此期落果的核心。具体措施是：①冬季适当修剪，不要修剪过重，防止翌年生长期新梢旺长。②夏季修剪时疏去过多的旺盛枝，对直立新枝进行扭梢、摘心。③硬核期避免土壤水分剧烈变化；干旱时浇小水，水过地皮湿即可，降雨量大时要及时排水。④合理负载、搞好疏果，避免挂果过多引起落果。

二、坐果过多的原因及措施

（一）造成坐果过多的原因

第一，桃树管理者不知道依树体大小确定合适的留果量，冬季修剪过轻，果枝留量大，造成果实小，风味差，树体生长势减弱。

第二，花期和幼果期未能进行疏花疏果，或疏果轻，造成留果过多，果实糖度低，果实小，小枝死亡加快，易形成内部光秃，结果部位外移。

（二）措　施

1. 冬季修剪时果枝要适量剪留 根据树势确定果枝剪留数量，树势越强，果枝剪留应多些，树势偏弱时果枝留量要减少。强树势果枝延长头剪后之间距离为 15～20 厘米，果枝与预备枝的比例为 1∶1。南方地区花芽留量为长枝 8～10 节，中枝 6～4 节，短枝 3～4 节；北方地区比

南方地区每类果枝减少2节花芽。中、弱树果枝延长头剪后之间距离为20～25厘米，长果枝6～8节花芽，中果枝3～5节花芽，短果枝1～2节花芽，北方品种群果枝一般不剪。

2. 疏花疏果　人工疏花疏果越早，越有利于果实膨大，减少树体养分的消耗，在花蕾期用手指抹去50%的花蕾。一般在花后1个月内完成疏果工作。第一次疏果(4月下旬)疏去幼果总量的10%～20%；第二次疏果(6月上旬)生理落果后，按合理坐果范围与指标进行定果，即疏去双胚果、发育不良果、畸形果、病虫果、坐果位置不良的果。枝留果量按长果枝3～4个果，距离12～15厘米留1个果，中果枝留2个果，短果枝留1个果。

第四节　提高果实品质

果实品质包括外在品质和内在品质。外在品质主要是指：果形完整、大小均匀、缝合线基本对称、着色良好，无裂果、锈果、病虫果，无损伤果等。内在品质主要指：糖度高、糖酸比适当、果肉硬度适当、有香味等。

在生产中往往会出现影响果实的现象，如裂果问题、果实个头小、糖度低、着色差等问题。现将问题的原因和解决办法做以下介绍。

一、裂果的防止

(一)裂果的原因

果实在膨大期开裂主要与品种和水分有关。有些品种如中华寿桃、绿化 9 号桃、满城雪桃等品种易发生裂果,当树衰弱或果实过大时容易裂果;在土壤水分管理不平衡时,如土壤旱情过重时浇水或降雨,或土壤虽不干旱,但连续晴天后的降雨,造成土壤水分骤然变化,会直接引起裂果。主要原因是:果肉细胞迅速膨大,造成果实表皮张力过大,使果实表层细胞破裂而果皮开裂。

(二)防止裂果的方法

1. 套袋 落果少的品种在盛花后 30 天,落果多的品种在盛花后 50～60 天,用白色或黄色纸袋套住果实,防止雨水对果实的直接接触,同时套袋后防止病虫危害,减少农药使用次数和农药对果面的污染;在果实采收前 7～10 天拆袋,促进着色。

2. 保墒 雨季排水,旱时浇水,使土壤保持湿润状态;地面覆盖杂草、秸秆或地膜,让土壤含水量保持在田间最大持水量的 40%～60%,防止土壤水分的骤然变化。

3. 采用设施栽培 如日光温室、春暖式大棚或避雨栽培等,可有效防止裂果发生。

二、增大果实

桃果实的大小主要取决于细胞的数量和细胞体积,

在开花后1个月内的幼果主要是细胞数量的增加，以后果实的增长主要靠细胞体积的增大。果实细胞数量的多少与花芽质量及细胞分裂的长短和强度有密切关系，而花芽质量与上一年秋季树体积累的营养有关。在栽培管理上应采取以下措施。

(一)人工授粉与疏花疏果

采取人工授粉，让桃授粉受精良好；严格按标准搞好疏花疏果，选留幼果时，选先开花的正常果及大果留下，疏去双胚果、畸形果、小果等。

(二)施肥灌水

根据树势施足基肥，追施壮果肥、采果肥(还原肥)，5月下旬至6月上旬的壮果肥对果实增大有显著作用。此期追施高钾复合肥50千克，采果后追施含氮、磷、钾各15%的复合肥50千克左右。雨季排水，旱时浇水，特别是在花前和果实后期膨大时注意浇水。

(三)喷施叶面肥

花期和幼果期各喷1次0.3%硼酸+0.3%磷酸二氢钾溶液，展叶后，4～7月份，30天喷施1次0.3%尿素+0.3%磷酸二氢钾溶液。

三、提高糖度和改善着色

一般树势中庸或稍弱时，果实糖分高，长势过旺树，

果实糖度就低。着生在中上部的果实着色好，果实大，糖度高；着生在树冠下部的果实个头就小，着色不好，糖度也低。一般内膛果枝上结的果比中、上部结的果糖度低1%～2%。采取的措施如下。

（一）选留好坐果部位

1. 总量着生部位的控制比例 树冠中、上部果实分布60%左右，树冠下部分布40%左右。靠冬季修剪选留果枝和花后疏果来完成。

2. 果实在果枝上着生部位 应掌握果枝基部、上部不留果，选择在果枝两侧留果，果枝的中、下部最合适。

（二）控制水分、改善光照条件

1. 合理控水 果实采收前15天内不浇水，使土壤适当干燥，有利于糖度提高。

2. 合理撑枝、吊枝 将下部果枝通过撑、拉、吊将枝条摆布均匀，抬高下垂枝，以改善光照条件。

3. 合理疏枝 疏去徒长枝、过密枝，改善树冠内部光照条件。

4. 摘叶、铺反光膜 摘去挡光的2～3片遮盖果实的叶片，铺银色反光膜，促其果实着色。

第八章　桃病虫害防治

第一节　桃病害防治

一、桃流胶病

桃流胶病又称疣皮病、树脂病、瘤皮病。该病病因复杂，几乎每个桃园都有发生，在桃树枝梢任何部位都可发生，常造成树势衰弱，果品质量下降，重者会造成树体死亡。除侵染桃树外，其他核果类树如杏、李、樱桃等也会发生流胶病。

（一）症　状

主要危害枝、干，也可侵染果实，主干和主枝受害初期，病部稍肿胀，早春树液开始流动时，从病部流出半透明黄色树胶，尤其雨后流胶现象更为严重。流出的树胶与空气接触后，变为红褐色，呈胶冻状。干燥后变为红褐色至茶褐色的坚硬胶块。病部易被腐生菌侵染，使皮层和木质部变褐腐烂，致树势衰弱，叶片变黄、变小，严重时枝干或全株枯死。果实发病，由果核内分泌黄色胶质。溢出果面，病部硬化，严重时龟裂，不能生长发育，无食用价值。严重影响桃果品质量和产量。

(二)发生特点

1. 生理性流胶 一是机械损伤、霜害、冻害、病虫害等形成的伤口以及、日灼伤引起流胶;二是排水不良,灌溉不适当,地面积水过多等;三是生长期修剪过重,盛果期结果过多,土壤过于黏重以及酸性大等引起流胶。

2. 虫害危害 特别是蛀干害虫所造成的伤口易诱发流胶病,如椿象的危害是造成流胶病的主要原因。

3. 真菌危害 真菌侵染及发病规律,该病病原属真菌。以菌丝体和分生孢子器在被害枝干部越冬,翌年 3 月下旬至 4 月中旬产生分生孢子,借风雨传播,从皮孔、伤口侵入。1 年中有 2 个发病高峰,分别在 5～6 月份和 7～8 月份,当气温达 15℃左右时,病部可渗出胶液,气温上升,树体流胶点增多。以直立生长的枝干基部以上部位受害严重,侧生枝干向地表的一面重于向上的部位,枝干分杈处受害也严重,土质差,水肥不足,负载量大,均可诱发该病。

(三)防治方法

1. 加强桃园管理,增强树势 增施有机肥,改善土壤团粒结构,提高土壤通气性能。低洼积水地注意排水,酸碱土壤应适当施用石灰或过磷酸钙。合理修剪,减少枝干伤口,避免桃园连作。对已发生流胶病的树,小枝可以通过修剪除去,枝干上的流胶要刮除干净,在伤口处用 4～5 波美度的石硫合剂消毒,在少雨天气,亦可用医用紫

药水涂抹流胶部位及伤口，隔10天再涂1次效果更显著。

2. 调节修剪时间，减少流胶病发生　桃树生长旺盛，生长量大，生长季节进行短截和疏枝修剪，人为造成伤口，遇高温高湿环境，伤口容易出现流胶现象。通过调节修剪时期，生长期修剪改为冬眠修剪。虽然冬季修剪同样有伤口，但因气温较低，空气干燥，很少出现伤口流胶现象。因此，生长期采取轻剪，及时摘心疏除部分过密枝条。主要的短截、回缩修剪，等到冬季落叶后进行。

3. 主干刷白，减少流胶病发生　冬、夏季节进行两次主干刷白，防止流胶病发生。第一次刷白于桃树落叶后进行，用5波美度石硫合剂＋新鲜牛粪＋新鲜石灰，涂刷主干，刷于桃树主干和主枝，减少病虫侵染和辐射热危害，可有效地减少流胶病发生。第二次在休眠期，即在萌芽前用抗菌剂102的100倍液涂刷病斑。开花前刮去胶，再用50％胂·锌·福美双可湿性粉剂50克＋5％硫悬浮剂250克混合涂抹。

4. 及时防治虫害，减少流胶病的发生　4～5月份及时防治天牛、吉丁虫等害虫侵害根茎、主干、枝梢等部位发生流胶病，防治桃蛀螟幼虫、卷叶蛾幼虫、梨小食心虫、椿象等危害果实出现流胶病。

5. 夏季全园覆盖，减少流胶病发生　没有种植金边茸或其他绿肥的果园，夏秋高温干旱季节全园覆盖10厘米厚的杂草或稻草，不但能够提高果园土壤含水量，利于果树根系生长，强壮树体，而且十分有效地防止地面辐射

热导致的日灼病而发生流胶病。

6. 药剂防治 生长期5～6月份喷70%甲基托布津1 000～1 200倍液，也可用50%多菌灵可湿性粉剂800倍液、50%异菌脲可湿性粉剂1 500倍液或50%腐霉利可湿性粉剂2 000倍液，防效较好。每15天喷1次，共喷3～4次。

二、桃疮痂病

桃疮痂病又名黑星病、黑痣病、黑点病，主要危害桃、李、杏、樱桃。主要危害果实，也危害枝条和叶片。严重时造成很大产量损失。该病在吉林、辽宁、河北、天津、山东、北京、陕西等地的桃产区均有发生危害。近年来在桃产区发生日益严重，尤其是油桃品种，由于油桃果皮表面没有茸毛，桃疮痂病菌易侵入果皮发病，所以油桃种植区应重视防治桃疮痂病。

（一）症　状

果实被害多在顶部发病，向阳部位较多，受害仅在果皮部分。被害处初生暗绿色圆斑，有时多达几十个，逐渐扩大到2～3毫米，呈紫黑色或红褐色病斑，稍凹陷，但不深入果肉，其上着生黑霉。常多斑连成片。由于病部木栓化和果实膨大，病部龟裂或畸形；新梢受害后，出现长圆形、浅褐色、大小为3毫米×6毫米的病斑，后期变为暗褐色，并进一步扩大；发病部位隆起，产生流胶；病健组织界限明显；第二年春天，病斑上长出暗色小绒点状的分生

孢子丛；叶片被害，初生多角形或不规则形灰绿色病斑，渐扩大变褐色或紫红色，最后病部干枯脱落成穿孔。

（二）发生特点

桃疮痂病的病原菌称嗜果枝孢，属半知菌亚门真菌；病菌以菌丝在寄主表皮组织中分布，后期形成薄膜组织，在其上生成分生孢子梗，突破表皮。分生孢子梗数根丛生，一般分生孢子梗不分枝或分枝 1 次，弯曲，具分隔，暗褐色，大小为 48～60 微米×4.5 微米。分生孢子单生或短链状，椭圆形或瓜籽形，单细胞或双细胞，无色或浅橄榄色，大小为 12～16 微米×4～6 微米。子囊孢子在子囊内的排列，上部单列，下部单列或双列，子囊孢子大小为 12～16 微米×3～4 微米。分生孢子在干燥状态下能存活 3 个月，分生孢子萌发的温度为 10℃～32℃，最适温度为 27℃。病菌发育温度为 2℃～32℃，最适温度24℃～25℃。

病菌以菌丝体在枝梢的发病部位越冬，第二年 3～4 月份产生分生孢子，随风雨传播。分生孢子萌发形成的芽管可直接穿透寄主表皮的角质层而入侵，通常从叶背面侵入，病菌侵入后，菌丝并不深入寄主组织和细胞内部，只在寄主角质层与表皮细胞的间隙扩展、定殖，并形成束状或垫状菌丝体，其上长出分生孢子梗并突破寄主角质层而外露，然后形成分生孢子。病菌侵染果实的潜育期较长，为 40～70 天，在新梢及叶片上为 25～45 天。

由于潜育期较长，果实上产生的分生孢子，虽可进行再侵染，但对早熟品种来说作用不大，只对晚熟品种才能进行再侵染。病菌的发生和流行与春季及初夏的温湿度关系密切。枝梢病斑在10℃以上开始形成孢子，最适温度为20℃～28℃；如果温度适宜，多雨潮湿病害往往发生重，果园低洼、定植过密或树冠郁闭等也能促进病害的发生。在冀南地区，果实上一般在6月份开始发病，7～8月份为发病盛期。有毛桃品种在幼果期，因果面茸毛稠密，病菌不易侵染，一般在花瓣脱落6周后的果实才能被侵染。由于油桃果皮表面没有茸毛，所以危害较早。5月10日前成熟的超早熟品种一般不感病，5月10日以后成熟的早熟品种一般发病较轻，中晚熟品种发病较重，特别是黄肉桃发病最重。

（三）防治方法

1. 清除初侵染源 结合冬剪，去除病核、僵果、残桩，烧毁或深埋。生长期也可剪除病枝、枯枝，摘除病果。

2. 加强管理 注意雨后排水，合理修剪，防止果园郁闭。

3. 选择抗病（避病）品种 经常发病重的地方，可选栽早熟品种。

4. 药剂防治 发芽前喷5波美度石硫合剂。落花后15天开始到6月份，每隔15天左右喷1次40％氟硅唑乳油1000倍液，或10％苯醚甲环唑水分散粒剂1500倍液，

或30%绿得保胶悬剂400～500倍液，或65%代森锌可湿性粉剂500倍液，或50%多菌灵可湿性粉剂1000倍液，70%代森锰锌可湿性粉剂500倍液、70%甲基硫菌灵可湿性粉剂1000倍液、0.3波美度石硫合剂，为防止产生抗药性几种药剂可交替使用。盛发期每15天喷药1次。

5. 果实套袋　落花后3～4周内可以进行果实套袋。生长期的防治，可结合桃褐腐病进行。

三、桃细菌性穿孔病

桃细菌性穿孔病是分布较广、发病率高的病害，是严重危害桃树正常生长的烈性病害。在全国各桃产区都有发生，特别是在排水不良的果园以及多雨年份，易严重发生。如果防治不及时，易造成大量落叶，减少营养的积累，影响花芽的形成。不仅削弱树势及当年减产，而且会影响第二年的结果，造成产量歉收。此病除危害桃树外，还能侵害李、杏和樱桃等多种核果类果树。

（一）症　状

主要危害叶片，在桃树新梢和果实上均能发病。叶片发病初期在叶背产生淡褐色水渍状小点，后扩大成紫褐色或黑褐色圆形或不规则形病斑，直径2毫米左右，病斑周围有绿色晕圈。之后，病斑干枯，病部和健康组织交界处发生一圈裂纹，病斑脱落后形成穿孔，严重时病斑相连，造成叶片脱落；新枝染病，以皮孔为中心树皮隆起。出现直径1～4毫米的疣，其上散生针头状小黑点，即病

菌分生孢子器;在大枝及树干上,树皮表面龟裂,粗糙。后瘤皮开裂陆续溢出树脂,透明、柔软状,树脂与空气接触后,由黄白色变成褐色、红褐色至茶褐色硬胶块。病部易被腐生菌侵染,叶片变黄,严重时全株枯死;果实发病,由果核内分泌黄色胶质,溢出果面,病部硬化,初为淡褐色水渍状小圆斑,稍凹陷,以后病斑稍扩大,天气干燥时病斑开裂,严重影响桃果品质和产量。

(二)发生特点

病原为真菌,属子囊菌亚门腔菌纲格孢腔菌目茶蔗子葡萄座腔菌。无性阶段为半知菌亚门。病原细菌主要在春季溃疡病斑组织内越冬,翌年春气温升高后越冬的细菌开始活动,桃树开花前后,从病组织溢出菌脓,通过风雨和昆虫传播,从叶上的气孔和枝梢、果实上的皮孔侵入,进行初侵染。侵入后的潜育期,一般为1～2周,气温较低时,可延长至20～30天。在多雨季节,初侵染发病后又可以溢出新的菌脓进行再侵染。夏季溃疡与春季溃疡在病菌越冬和侵染上作用不同。夏季溃疡中的细菌,一般不能越冬。因为夏季溃疡形成时,当时气温高,寄主组织能产生栓皮层,防止细菌进一步的侵入;同时,夏季溃疡容易干燥,细菌在干燥的情况下经10～13天即死亡。春季溃疡在上一年夏末秋初感染,当时气温已逐渐下降,组织内细菌繁殖慢,同时寄主也不能形成栓皮层,病组织不会干燥,细菌潜伏过冬。到当年春季,细菌大量

繁殖，形成溃疡，并溢出菌脓，这时新的枝叶已抽生，易被感染，故春季溃疡是初侵染的主要来源。病害一般在5月上中旬开始发生，6月份阴雨期蔓延最快。夏季高温干旱天气，病害发展受到抑制，至秋雨期又有一次扩展过程。温暖多雨的气候，有利于发病，大风和重雾，能促进病害的盛发。树势衰弱和排水通风不良的桃园，发病较严重。

（三）防治方法

1. 加强果园管理　加强栽培管理，做好冬季清园。要增施有机肥和磷、钾肥，雨后及时排水，保持果园良好的通风状况，以增强树势，增加抗病能力。结合冬季清园，彻底清除枯枝、落叶和落果，以减少越冬菌源，减轻春季发病程度。

2. 药剂防治　桃树发芽前喷3～5波美度石硫合剂。发芽后喷72%硫酸链霉素可溶性粉剂3 000倍液，5月末至6月末喷65%代森锌可湿性粉剂300～500倍液1～2次。喷硫酸锌石灰液也有良好防治效果，配方为硫酸锌1千克，石灰3～4千克，水150～200升，15天1次，喷2～3次。

3. 选择抗病品种　避免与核果类果树混栽。

四、桃褐腐病

桃褐腐病又称果腐病、菌核病，是桃树的主要病害之一，分布广泛，会引起大量的落果和烂果。主要危害桃、杏等，也危害李、樱桃、梅等核果类果树，以危害果实为主，花、叶、枝条也可受害。

（一）症 状

桃褐腐病主要危害果实，也能危害花和新梢。果实自幼果至成熟都容易受害，越近成熟受害越重。发病初期，在果面产生褐色圆形病斑，条件适宜时数日内就可扩展至全果，果肉变褐腐烂，之后在烂果表面长出灰褐色霉层，常呈同心轮纹状排列。病果容易脱落，但也有一些病果失水干缩变成僵果，经久不落；花瓣及柱头受害，开始出现褐色斑点，逐渐向下蔓延至萼片和花梗。天气潮湿则病花成软腐状，表面丛生灰霉；天气干燥时，则花枯萎而变褐色。病花残留在枝条上经久不脱落。病花病果上的病菌可以通过花梗果梗向下蔓延到枝梢，在其上形成溃疡。溃疡长圆形，边缘紫褐色，中央稍凹陷，灰褐色。初期溃疡部常流胶，严重时小枝可被环缢而枯死。天气潮湿时，溃疡部也有灰霉长出。

（二）发生特点

病原为链核盘菌，属真菌。病菌以菌丝体或菌核在枝条或僵果的溃疡部越冬，春季产生大量分生孢子，靠风雨及昆虫传播。贮藏期病果与健果接触亦可传染。分生孢子经伤口及皮孔侵入果实，也可直接从柱头、蜜腺侵入花器造成花腐，再蔓延到新梢，以后在适宜条件下，还能长出大量分生孢子进行多次再侵染。花期及幼果期如遇

低温多雨，果实成熟期又逢温暖、多云多雾、高湿度的环境条件，发病严重，前期低温潮湿容易引起花腐，后期温暖多雨、多雾则易引起果腐；病伤、虫伤、机械伤多，有利于病菌侵染，发病较重；管理粗放，树势衰弱的果园发病也重。品种间抗病性：以成熟后质地细嫩、多汁、味甜、皮薄的品种较易感病；表皮角质层厚、成熟后组织坚硬的品种，抗病力较强。

（三）防治办法

1. 减少菌源　剪除病枝、病叶、僵果等病残组织以减少菌源，并收捡地面病残体集中销毁，同时进行土壤翻耕，可减少越冬菌源。

2. 治虫防病　桃园多种害虫，如桃食心虫、桃蛀螟、桃椿象，不但传播病菌，且造成伤口利于病菌侵染。因此，及时治虫或果实膨大期进行套袋，可减轻病害发生。

3. 药剂防治　第一次在桃树萌发前喷洒5波美度石硫合剂。第二次在落花后10天左右，喷施65%代森锌可湿性粉剂500倍液，或50%多菌灵可湿性粉剂1 000倍液，或70%甲基硫菌灵可湿性粉剂800～1 000倍液，或0.3波美度石硫合剂。在花腐发生多的地区，在初花期（花开约20%时）需要增加喷药1次，这次喷用药剂以代森锌或硫菌灵为宜。也可在花前、花后各喷1次50%腐霉利可湿性粉剂2 000倍液，或50%苯菌灵可湿性粉剂1 500倍液。不套袋的果园，在第二次喷药后每隔10～15

天再喷 1 次，直至果实成熟前 1 个月左右再喷 1 次药。

五、桃白粉病

桃白粉病在桃栽培区均有发生，会引起早期落叶，对树势无大的影响。果实发病时可引起褐色斑点，重者果实变形。我国各产桃区均有发生，也是全球性发生的一种病害。

（一）症　状

1. 叶片　9 月份以后，叶片初现近圆形或不定形白色霉点，后霉点逐渐扩大，发展为白色粉斑。粉斑可互相融合为斑块，严重时叶片大部分乃至全部为白粉状物所覆盖。发病叶片褪黄，干枯脱落。

2. 枝干　新梢被害在老化前出现白色菌丝。

3. 果实　果实 5～6 月份出现白色圆形或不规则形的菌丝丛，粉状，接着表皮附近组织枯死，形成浅褐色病斑，后病斑稍凹陷，硬化。

（二）发生特点

1. 形　态

（1）三指叉丝单囊壳菌　菌丝外生。叶上菌丛很薄，发病后期近于消失。分生孢子稍球形或椭圆形，无色，单孢，在分生孢子梗上连生，含空泡和纤维蛋白体。大小为（16.8～32.4）微米×（10.8～18）微米。分生孢子梗着生的基部细胞肥大。子囊壳球形或稍球形，小型，直径 84～

98 微米，黑色。子囊壳顶部有 2～3 条附属丝，直而稍弯曲。顶端有 4～6 次分枝，长 154～175 微米，中间以下为浓褐色。子囊壳内有 1 个子囊。子囊长椭圆形，有短柄，大小为(60～70.8)微米×(53.6～57.6)微米。子囊孢子有 8 个，椭圆形至长椭圆形，无色，单孢，大小为(19.2～26.4)微米×(12～14.4)微米。

(2)桃单壳丝菌　分生孢子椭圆形至长椭圆形，无色，单孢，分生孢子梗上连生，含空泡和纤维蛋白体。大小为(20.8～24)微米×(13.2～16)微米。分生孢子萌发温度为 4℃～35℃，适温为 21℃～27℃，在直射阳光下经 3～4 小时，或在散射光下经 24 小时，即丧失萌发力，但抗霜冻能力较强，遇晚霜仍可萌发。

南方病原分生孢子作为初侵染和再侵染的接种体，借气流传播，完成病害周年循环，越冬期不明显。长江流域和长江以北地区，病原在最里面的芽鳞片表面越冬，春天产生分生孢子进行初侵染和再侵染。

(三)防治方法

1. 清理果园　落叶后至发芽前彻底清理果园，扫除落叶，集中烧毁。发病初期及时摘除病果并深埋。

2. 越冬防治　芽膨大前前期喷洒石硫合剂，消灭越冬病源。

3. 药剂防治　发病期喷 0.3 波美度石硫合剂，或 70％甲基硫菌灵可湿性粉剂 1 500 倍液，或 50％三唑酮可湿性粉剂和5%硫悬浮剂1 000～1 500倍液，或40%硫磺·多菌灵悬浮剂600倍液。每隔10～15天喷1次，连续2～3次。

六、桃炭疽病

桃炭疽病是危害果实的重要病害之一，在我国桃产区均有发生，是一种极为普遍的病害。生产上威胁很大，发病严重时，果实受害率可达80%以上，造成巨大损失。

（一）症　状

1. 炭疽病主要危害果实，也能危害新梢和叶片　幼果指头大时即可感病，初为淡褐色小圆点，后随果实膨大呈圆形或椭圆形，红褐色，中心凹陷。气候潮湿时，在病部长出橘红色小粒点，幼果感病后便停止生长，形成早期落果。气候干燥时，形成僵果残留树上，经冬雪风雨不落。

2. 成熟果实症状　成熟果果实近成熟期发病，初为淡褐色小病斑，其特点是果面病斑显著凹陷，呈明显的同心环状皱缩，并常愈合成不规则大斑，最后果实软腐，多数脱落。病果多数脱落，少数残留在树上。

3. 新梢危害症状　新梢被害后，出现暗褐色、略凹陷、长椭圆形的病斑。气候潮湿时，病斑表面也可长出橘红色小粒点。病梢多向一侧弯曲，叶片萎蔫下垂纵卷成筒状。严重的病枝常枯死在芽萌动至开花期间，枝上病斑发展很快，当病斑环绕一圈后，其上段枝梢即枯死。

(二)发生特点

病菌以菌丝在病枝、病果上越冬,也可在残留树上的病果中越冬,翌年早春产生分生孢子,随风雨或昆虫传播侵入幼果和嫩梢,产生初侵染,以后在条件适宜时,继续产生分生孢子进行再侵染,生长期内发生多次再侵染。此病发生时期很长。一般4～6月份降雨高于300毫米,常发病严重。5月上旬幼果期开始发生,5月份进入发病盛期,常大量落果。北方桃区6～7月份,果实成熟期发病严重。桃树开花及幼果期多雨的地区,桃炭疽病往往发生较重。果实成熟期,温暖、多雨雾、潮湿的环境有利于病害发生;管理粗放,留枝过密,土壤黏重,排水不良以及树势衰弱的果园发病都较重;桃品种间的抗病性有很大差异,一般早熟品种和中熟品种发病较重,晚熟种发病较轻。

(三)防治方法

防治必须抓早和及时,在芽萌动到开花期要及时剪去陆续出现的枯枝,同时在果实最感病的4月下旬至5月份进行喷药保护。

1. 桃园选址　切忌在低洼、排水不良的黏质土壤建园。尤其在江河湖海边及南方多雨潮湿地区建园,要起垄栽植,并注意品种的选择。

2. 消灭菌源　结合冬季修剪,彻底清除树上的枯枝、僵果和地面落果,集中烧毁。芽萌动至开花前后要反复

地剪除陆续出现的病枯枝，并及时剪除以后出现的卷叶病梢及病果。防治害虫，减少昆虫传病。

3. 加强管理 注意果园排水，降低湿度，增施磷、钾肥，改善土壤状况。细致夏剪，增进通风透光。增强树势，提高抗病力。

4. 药剂防治 重点是保护幼果和消灭越冬菌源。用药时间在雨季前和发病初期。芽萌动期喷 1∶1∶100 波尔多液或 3～4 波美度石硫合剂落花后至 5 月下旬，每 10～15 天喷药 1 次，共喷 3～4 次。其中以 4 月下旬至 5 月上旬两次最重要。常用药剂以 70％甲基硫菌灵可湿性粉剂1 000倍液，或 65％代森锌可湿性粉剂 500 倍液，或 50％多菌灵可湿性粉剂 500～600 倍液，或 75％百菌清可湿性粉剂 800 倍液。

5. 套袋 适当提早果实套袋时间，套袋前先摘除病果，喷杀菌剂。

七、桃树根癌病

桃树根癌病主要危害根部及根部颈部，形成肿瘤，造成桃树生长不良或死亡。

（一）症　状

主要发生在根颈部，也发生于侧根或支根，瘤体初生时乳白色或微红色，光滑，柔软，后渐变褐色，木质化而坚硬，表面粗糙，凹凸不平。瘤体发生于支根的较小，根颈处的较大，以根颈部位的瘤体影响最大。受害桃树生长

严重不良，植株矮小，果少质劣，严重时全株死亡。

该病为细菌性病害，病原细菌为根癌土壤杆菌（Agrobacterium tumefaciens），寄主范围非常广泛。病原细菌存活于癌瘤组织中或土壤中，可随雨水径流或灌溉水，及带病苗木传播，通过伤口侵入。地下害虫如蛴螬、蝼蛄、线虫等也有一定的传播作用，带病苗木是长距离传播的最主要方式。细菌遇到根系的伤口，如虫伤、机械损伤、嫁接口等，侵入皮层组织，开始繁殖，并刺激伤口附近细胞分裂，形成病瘤。碱性土壤有利于发病；土壤黏重、排水不良的果园发病较多；切接苗木发病较多，芽接苗木发病较少；嫁接口在土面以下有利于发病，在土面以上发病较轻。

（二）防治办法

第一，苗地及桃园尽量避免重茬连作。

第二，农业防治。苗圃应用无病土育苗，培育健壮无病苗木，已发生根癌病的土壤或果园不可以作育苗地；碱性土壤的园地应适当施用酸性肥料；采用芽接的嫁接方法，避免伤口接触土壤诱发病害；发现病瘤应及时切除或刮除，并将刮切下的病皮带出果园烧毁，以防病原的扩散。苗木出圃时严格剔除病苗；新建桃园时加强检疫，防止带入病苗。

第三，加强果园检查，对可疑病株挖开表土，发现病后用刀刮除并用硫酸铜 100 倍液或硫酸链霉素 1 000 倍液喷洒。

第四,加强土壤管理,合理施肥,改良土壤,增强树势。

第五,药剂防治。桃的实生砧木种用5%次氯酸钠处理5分钟后,再进行层积处理,同时层积处理要用新沙子。苗木定植前应对根进行仔细检查,剔除有病瘤苗木,然后用0.3%～0.4%硫酸铜溶液浸泡苗木根系1小时,或用1%硫酸铜溶液浸根5分钟,然后冲干净,或用3～5波美度石硫合剂进行全株喷药消毒,或用抗癌菌剂K84的5倍混合液蘸根系,防治效果可达90%以上。

第二节　桃虫害防治

一、桃 蚜 虫

危害桃树的主要蚜虫有桃蚜、桃粉蚜、桃瘤蚜,果区都有分布。越冬及早春寄主为桃、樱桃,还有梨等;夏、秋寄主为艾草等杂草。上述3种蚜虫,以桃蚜和桃粉蚜危害最普遍,桃瘤蚜在局部果园有危害。

(一)危害状

以成虫、若虫密集在嫩梢上和叶片上吮吸汁液,被害桃叶苍白卷缩,以致脱落影响桃果产量及花芽形成,并大大削弱树势。桃蚜又是目前传播病毒的一种严重害虫。

(二)形态特征

1. 桃蚜成虫分为有翅及无翅两种类型　有翅胎生雌蚜,体长 1.6～2.1 毫米,头、胸为黑色,腹部深褐色,腹、背有黑斑,额瘤显著。若虫似无翅成虫,体色绿、黄绿、褐、红褐等色,因寄主而异;无翅胎生雌蚜体鸭梨形,长 2 毫米左右;体色变化大,有翅蚜、无翅蚜都有绿、黄绿、赤褐等色,因寄主不同而颜色各异;腹管较细长。

2. 成虫特征　桃粉蚜有翅成虫体长 1.5 毫米,头胸部淡黑色,腹部黄绿;无翅胎生雌蚜椭圆形,体长 2 毫米左右,体绿色,复眼红色,体被白蜡粉。桃瘤蚜有翅胎生雌蚜体长约 1.8 毫米,淡黄褐色,腹管圆柱状;无翅胎生雌蚜椭圆形,长 2.1 毫米左右,较肥大,头黑色,体深绿或黄褐色,卵椭圆形,黑色有光泽。

(三)发生特点

蚜虫在北方 1 年发生 10 余代,在南方可发生 20 余代。均以卵在桃、李等的芽腋、树皮裂缝小枝杈芽等处越冬,3 月中下旬开始孤雌胎生繁殖,新梢展叶后开始危害。有些在盛花期时,危害花器,刺吸子房,影响坐果。繁殖几代后,于 5 月份产生有翅蚜迁飞至夏季寄主上危害,6～7 月份飞迁至第二寄主,如烟草、萝卜等上,到 10 月份再次飞回桃树上产卵越冬。24℃时发育最快,28℃以上对它繁殖不利。5 天内平均温度超过 30℃或小于 6℃数量下降。桃蚜对白色和黄色有趋光性,桃园设置黄色器皿或挂黄色塑料布，涂上黏胶有诱集作用，可作为预测依据。

（四）防治方法

1. 农业防治 合理整形修剪，加强土肥水管理，清除枯枝落叶。将被害枝梢剪除并集中烧毁。在桃树行间或果园附近，不宜种植烟草、白菜等禾本科植物，以减少蚜虫的夏季繁殖场所。桃园内种植大蒜可相应减轻蚜虫的危害。

2. 生物防治 蚜虫天敌很多，控制作用相当强，应避免在天敌多时喷药。据观察，1 头七星虫、大草蛉的一生，可捕食蚜虫 4 000～5 000 头。因此，当天敌多时，对桃树上的蚜虫可改用大蒜 1 千克捣碎加水 1 升，充分搅拌，然后再加水 50 升，喷洒在桃树上，防止效果好。

3. 药剂防治 药剂防治的关键是应掌握在春季花芽已萌发而未开放，卵已全部孵化，但尚未大量繁殖和卷叶以前喷药。花后至初夏，根据虫情再喷药 1～2 次。秋后迁返桃树的虫口数量大时，也可喷药。常用药剂有 10%吡虫啉可湿性粉剂 1 500 倍液，或 5%啶虫脒乳油 3 000 倍液，或 25%高效氯氟氰菊酯乳油 3 000 倍液，对有抗药性的蚜虫，可用 48%毒死蜱乳油 2 000 倍液喷雾防治。用药时加 0.1%～0.2%洗衣粉可有效地提高杀虫效果。

二、桃小食心虫

桃小食心虫简称桃小，俗名猴头、豆沙馅。此虫分布广泛，是我国北部、西北部苹果、梨、山楂等果树的主要害虫。在管理粗放的梨园中，虫果率高达50%以上，严重影响果实质量和梨果产量。属鳞翅目，蛀果蛾科。

(一)危 害 状

以幼虫蛀果危害，幼虫孵化后蛀入果实，蛀果孔常有流胶点。幼虫在果内串食果肉，并将粪便排在果内，形成“豆沙馅”果，并在果实上留蛀果孔。

(二)形态特征

成虫雌虫体长5～8毫米，翅展14～18毫米；雄虫体长5～6毫米，翅展13～15毫米，全体白灰色至灰褐色，复眼红褐色。雌虫唇须较长向前直伸；雄虫唇须较短并向上翘；卵椭圆形或筒形，初产卵橙红色，渐变深红色，近孵卵顶部显现幼虫黑色头壳，呈黑点状；幼虫体长13～16毫米，桃红色，腹部色淡，无臀栉，头黄褐色，前胸盾黄褐色至深褐色，臀板黄褐色或粉红色；蛹长6.5～8.6毫米，刚化蛹黄白色，近羽化时灰黑色，翅、足和触角端部游离，蛹壁光滑无刺。茧分冬、夏两型，越冬茧扁圆形，夏茧纺锤形。

(三)发生特点

此虫1年发生1代，以老熟幼虫在土中结冬茧越冬，

一般在树干周围0.6米范围内过冬的较多。过冬幼虫在茧内休眠半年多，到翌年6月中旬开始咬破茧壳陆续出土。越冬成虫出土的早与晚、集中与分散，与当年降雨情况有密切关系。如果雨水较多，幼虫出土既早又集中，死亡率低。干旱年份，出土较晚又不集中，死亡率高。出土的幼虫在地面、石块、草根下做蛹化茧（夏茧），从夏茧到羽化成虫需要13～18天。此期正是进行地面旋耕施药防治出土幼虫的良好时机。成虫于6月下旬开始羽化，7月下旬至8月上中旬为成虫发生盛期，9月中下旬为羽化末期。田间卵发生期，最早于7月上旬即可见卵，盛期为7月下旬至8月中旬，末期为9月下旬。卵主要产在果实萼洼里，有时也产在果面粗糙处。

每头雌蛾产卵数十粒至100多粒，卵期7～8天。幼虫孵化后于萼附近蛀入果内，而后纵横串食。在果内危害20～25天。7月下旬至8月上中旬，是树上喷药防治的关键时期。老熟幼虫开始脱果，脱果孔附近常积有虫粪，还有部分幼虫仍在果中危害，至采收后，运到果场或果窖中陆续脱果，脱果的幼虫，钻入土中做茧越冬。

（四）防治方法

1. 人工防治 树盘覆地膜。根据幼虫脱果后大部分潜伏在树冠下1米附近土壤中的特点，成虫羽化前，可在树冠下地面覆盖地膜。在早春越冬幼虫出土前，将树根颈基部土壤扒开13～16厘米，刮除贴附表皮的越冬茧。

于第一代幼虫脱果时，结合压绿肥进行树盘培土压夏茧。果实受害后，及时摘除树上虫果和拾净落地虫果。

2. 化学防治　防治适期为幼虫初孵期，当越冬幼虫连续出土3～5天，且出土数量日增时，喷施药剂，杀死出土越冬幼虫。药剂有：25%灭幼脲3号悬浮剂1 000～2 000倍液，或50%辛硫磷乳油1 000～1 500倍液等。

3. 生物防治　用昆虫原线虫防治桃小食心虫幼虫，用小黑花蝽刺吸桃小食心虫的卵，其天敌还有桃小甲腹茧。

三、桃蛀螟

桃蛀螟又名桃蠹螟，桃斑螟、豹纹斑螟，俗称桃食心虫，属鳞翅目螟蛾科，是一种杂食性害虫，桃产区均有分布。是桃树的重要蛀果害虫。除桃树外，还能危害板栗、杏、李、梅、苹果、梨、核桃、葡萄等多种果树，以及玉米、高粱等农作物。常以幼虫食害果实，造成严重减产。

（一）危害状

以幼虫危害桃果实。卵产于两果之间或果叶连接处，幼虫易从果实肩部或多从桃果柄基部和两果相贴处蛀入，并有转果习性。蛀孔外堆有大量虫粪，虫果易腐烂脱落。

（二）形态特征

成虫体长约12毫米，前后翅上散布生许多小黑斑，

雄蛾尾端有一丛黑毛。卵扁椭圆形，长约0.6毫米，初产时乳白色，后渐变红褐色。幼虫老熟时体长15～20毫米，体背淡红色，各体节都有粗大的灰褐色斑。蛹长12～15毫米，褐色，尾端有臀刺6个。

（三）发生特点

在我国南方1年发生4～5代，北方1年发生2～3代，主要以老熟幼虫在被害桃僵果、树皮裂缝、坝堰乱石缝隙及玉米秸、向日葵花盘等地越冬。北方5月下旬至6月上旬发生越冬代成虫，第一代成虫发生在7月下旬至8月上旬。第一代幼虫主要危害桃。第二代幼虫多危害晚熟桃、向日葵、玉米等。成虫对黑光灯有强烈的趋性，对糖醋味也有趋性，白天停歇在叶背面，傍晚以后活动。成虫喜爱在生长茂密的果上产卵，主要危害早熟桃果。

（四）防治方法

1. 清除越冬寄主中的越冬幼虫　冬季清除玉米、向日葵、高粱、蓖麻等遗株，并将桃树老翘皮刮净，集中处理，以消灭越冬幼虫。

2. 果实套袋　桃果套袋，早熟品种在套袋前结合防治其他病虫害喷药1次，消灭早期桃蛀螟所产的卵。

3. 诱杀成虫　在桃园内设黑光灯或糖醋液诱杀成虫，可结合诱杀梨小食心虫进行。

4. 拾毁落果和摘除虫果　消灭果内幼虫。

5. 喷药防治　不套袋的果园，要掌握第一、第二代成

虫产卵高峰期喷药。2.5%溴氰菊酯乳油2 000～3 000倍液，或4.5%高效氯氰菊酯乳油1 500倍液，或25%灭幼脲悬浮剂1 500倍液。

四、桃潜叶蛾

桃潜叶蛾是我国苹果、桃、梨害虫中的一种，在生物学上划分在昆虫纲鳞翅目潜叶蛾科下，北方大部分地区均有分布，主要危害桃、杏、李、樱桃、苹果、梨等。

(一)危害状

幼虫在叶组织内串食叶肉，形成弯曲的食痕。成、若、幼螨刺吸芽、叶、果的汁液，叶受害初期呈现许多失绿小斑点，渐扩大连片，发生严重时，群集在叶丛吐丝结网、产卵，受害叶片先从近叶柄的主脉两侧出现灰黄斑，严重时叶片枯焦并早期脱落。

(二)形态特征

成虫体银白色，长3～4毫米，触角丝状，长于体。触角基部鳞毛形成“眼罩”，银白色稍带褐色。唇须短小，尖而下垂。前翅狭长，银白色，有长缘毛，中室端部有一椭圆形黄褐色的斑点。后翅银灰色，缘毛长；卵圆形，乳白色，孵化前变为褐色。幼虫念珠形略扁，节间沟痕明显，头和足褐色，腹足5对，老熟后淡绿色；蛹淡白色，具有浅褐色翅鞘，腹部末端有2个圆锥形突起，其顶端各有2根毛。

(三)发生特点

1年发生约7代,以成虫在桃园附近的梨树、杨树等树皮内,以及杂草、落叶、石块下越冬。第二年桃树展叶后成虫羽化,产卵于叶表皮内。老熟幼虫在叶内吐丝结白色薄茧化蛹。5月上旬发生第一代成虫,以后每月发生1次,最后1代发生在11月上旬。

(四)防治方法

1. 越冬防治 冬季结合清园彻底清除落叶,并深埋落叶,消灭越冬蛹。

2. 药剂防治 在成虫发生期喷药,常用药剂有25%灭幼脲3号悬浮剂1000～2000倍液,或4.5%高效氯氰菊酯乳油1000倍液,高效氯氟氰菊酯乳油3000倍液。

五、桃红颈天牛

桃红颈天牛是桃树重要害虫,幼虫蛀食桃树枝干皮层和木质部,使树势衰弱,寿命缩短,严重时桃树成片死亡。分布全国各地。主要危害桃、杏、李、樱桃等。

(一)危害状

幼虫钻蛀树干皮层和木质部形成不规则的隧道,影响树液输导,树干被蛀空,使树势衰弱,甚至造成死亡。蛀孔外排有大量红褐色虫粪及木屑,堆积在树干基部地面,较易发现。

(二)形态特征

成虫体长 28～37 毫米,黑色有光泽。前胸大部分棕红色或全部黑色,背有 4 个瘤状突起,两侧各有一刺突。雄虫体小、触角长。卵长 6～7 毫米,长圆形,乳白色,形似大米粒。幼虫体长 50 毫米左右。小幼虫乳白色,大幼虫黄白色。前胸背板扁平、长方形,前缘黄褐色,后缘色淡。蛹长 25～36 毫米,淡黄白色,裸蛹,前胸两侧和前缘中央各有突起 1 个。

(三)发生特点

2～3 年发生 1 代。以幼虫在树干蛀道内越冬。幼虫跨 2 年老熟,幼虫孵化后,头向下蛀入韧皮部,先在树皮下蛀食,经过停育过冬,翌年春继续向下蛀食皮层,至 7～8 月份当幼虫长到体长 30 毫米后,头向上往木质部蛀食。再经过冬天,到第三年 5～6 月份老熟化蛹,蛹期 10 天左右羽化为成虫。6～7 月份成虫羽化后,先在蛹室内停留 3～5 天,然后钻出,经 2～3 天交配。卵多产在主干、主枝的树皮缝隙中,以近地面 33 厘米范围内较多。卵期 8 天左右。幼虫一生钻蛀隧道总长 50～60 厘米。成虫无明显趋光性,触动时体内放出异臭。受害重的树体内,常有各龄幼虫数十头。

(四)防治方法

1. 人工灭虫　在 6 月中下旬夏季高温天气中,下午

成虫多静息在大枝、主干处，振落捕捉成虫，成虫发生期开展人工捕杀；幼虫危害阶段根据枝上及地面蛀屑和虫粪，找出被害部位后，用铁丝将幼虫刺杀。

2. 生物防治 于4～5月间晴天中午在桃园内释放肿腿蜂（红颈天牛天敌），杀死天牛小幼虫，开展生物防治。

3. 药剂防治 虫孔施药。幼虫蛀入木质部新鲜虫粪排出蛀孔外时，清洁一下排粪孔，将杀螟松等塞入虫孔内，然后取黏泥团压紧压实虫孔。成虫发生前，在树干和主枝上涂白涂剂（生石灰10份，硫磺1份，食盐0.2份，兽油0.2份，水40份），防止成虫产卵。

六、桑白蚧

桑白蚧又名桑盾介壳虫和桃白介壳虫，是桃树的重要害虫。以雌成虫和若虫危害桃树新梢、枝干和果实，使树势严重衰弱，果实产量和品种大减，甚至全树枯死。桑白蚧分布很广，可危害梨、苹果、枇杷、葡萄、柿、核桃、茶、桑等。

（一）危害状

雌虫和若虫群集于枝干上刺吸汁液，严重时介壳密集层叠，轻则植株生长不良，削弱村势，春季发芽迟缓，甚至导致枝条或全株死亡。发生3～5年内，如不加以有效防治，可导致桃园毁灭。

(二)形态特征

雌成虫介壳长2～2.5毫米，近圆形。灰白色。虫体橙黄色，胸部宽大。雄成虫长0.65～0.7毫米，橙黄色，具有1对灰白色前翅。羽化前介壳扁长筒形。卵椭圆形，淡橙色。初孵若虫扁椭圆形，橙色，体长0.3毫米，触角长5节，足发达能爬行。蜕皮之后，尾毛均退化，开始形成介壳。

(三)发生特点

1年发生2～3代，以受精雌虫于枝条上越冬，桃树萌动之后开始吸食危害，4月底至5月初为产卵盛期，5月上旬为末期。越冬代雌虫产卵量较高。若虫孵化后在母壳下停留数小时而后逐渐爬出分散活动1天左右，一般新感染的植株，雌虫数量较大；感染已久的植株雄虫数量逐增，严重时雄介壳密集重叠，枝条上似挂一层棉絮。天敌：软蚧蚜小蜂、桑白盾蚧褐黄蚜小蜂、红点唇瓢虫和日本方头甲对桑白蚧捕食能力很强，是控制桑白蚧的有效天敌。

(四)防治办法

1. 石硫合剂防治　萌芽前喷洒1～2次5波美度石硫合剂，或机油乳剂100倍液，消灭越冬雌成虫。要求充分喷湿喷透。

2. 精准用药　生长期间掌握各代若虫发生期介壳未

形成前，及时喷洒25%灭幼脲3号可湿性悬浮剂1000倍液，或20%氰戊菊酯乳油3000倍液等。由于若虫孵化期前后延续时间较长，要7天左右喷洒1次，连续喷洒3次。药液中加入洗洁精等可提高药效。

3. 人工辅助 虫体密集成片时，喷药前可用硬毛刷刷除再行喷药，以利药液渗透。

4. 加强检疫 加强苗木和接穗的检疫，防止扩散蔓延。

七、美国白蛾

美国白蛾 Hyphantria cunea(Drury)又名美国灯蛾、秋幕毛虫、秋幕蛾，属鳞翅目，灯蛾科，白蛾属，是举世瞩目的世界性检疫害虫。主要危害果树和观赏树木，尤其以阔叶树为重。对园林树木、经济林、农田防护林等造成严重的危害。目前已被列入我国首批外来入侵物种。

(一)危害状

白蛾是近几年来在沿海地区园林树木上发现的一种新害虫，它食性杂，繁殖量大，适应性强，传播途径广，是危害严重的世界性检疫害虫。它喜爱温暖、潮湿的海洋性气候，在春季雨水多的年份，危害特别严重。主要通过木材、木包装等进行传播，还可通过飞翔进一步扩散。其繁殖力强，扩散快，每年可向外扩散35～50千米。可危害果树、林木、农作物及野生植物等200多种植物，在果园密集的地方以及游览区、林阴道，发生严重时可将全株

树叶食光，造成部分枝条甚至整株死亡，严重威胁养蚕业、林果业和城市绿化，造成惊人的损失。此外，被害树长势衰弱，易遭其他病虫害的侵袭，并降低抗寒抗逆能力。幼虫喜食桑叶，对养蚕业构成威胁。

(二)形态特征

白色中型蛾子，体长 13～15 毫米。复眼黑褐色，口器短而纤细；胸部背面密布白色绒毛，多数个体腹部白色，无斑点，少数个体腹部黄色，上有黑点。雄成虫触角黑色，栉齿状；翅展 23～34 毫米，前翅散生黑褐色小斑点。雌成虫触角褐色，锯齿状；翅展 33～44 毫米，前翅纯白色，后翅通常为纯白色(雄虫越冬蛹个别前后翅都有黑斑)。

(三)发生特点

美国白蛾 1 年发生的代数，因地区间气候等条件不同而异，黑头型和红头型之间也有不同。在山东烟台 1 年发生完整的 2 代。越冬蛹于翌年 4 月下旬开始羽化。第一代发生比较整齐，第二代发生很不整齐，世代重叠现象严重，大部分幼虫化蛹越冬，少部分化蛹早的可羽化进入第三代。在大连市和秦皇岛市一般 1 年发生 2 代，遇上秋季高温年份，第三代也能完成发育。温度在 18℃以上、空气相对湿度 70%左右越冬成虫大量羽化。在一天中，越冬代羽化时间多在下午 4～7 时，夏季代多在下午 6～8 时。成虫羽化后，至翌日晨日出前 0.5～1 小时雌雄交配，

交配时间可延续 5～40(平均 14～16)小时，一生只交配 1 次，交配后不久，雌虫即产卵。成虫飞翔力和趋光性均不强。雌虫产卵，对寄主有明显的选择性，喜在槭树、桑树和果树的叶背产单层块状卵，每卵块有卵 500～700 粒，最多达 2 000 余粒。成虫产下的卵，黏着很牢，不易脱落；上覆毛，雨水和天敌较难侵入。卵的发育，最适温度为 23℃～25℃，空气相对湿度为 75%～80%，只要温湿度适宜，孵化率可达 96%以上，即使产卵的叶片干枯，也无影响。幼虫孵化后不久，即吐丝缀叶结网，在网内营聚居生活，随着虫龄增长，丝网不断扩展，一个网幕直径可达 1 米，大者可达 3 米，数网相联，可笼罩全树。网幕中混杂大量带毛蜕皮和虫粪，雨水和天敌均难侵入。幼虫老熟后，下树寻找隐蔽场所(树干老皮下、缝隙孔洞内，枯枝落叶层，表土下，建筑物缝隙及寄主附近的堆积物中)吐丝结灰色薄茧，在其内化蛹。

(四)防治方法

1. 加强检疫 疫区苗木不经检疫或处理禁止外运，疫区内积极进行防治，有效地控制疫情的扩散。

2. 人工防治 在幼虫三龄前发现网幕后人工剪除网幕，并集中处理。如幼虫已分散，则在幼虫下树化蛹前采取树干绑草的方法诱集下树化蛹的幼虫，定期定人集中处理。

3. 性诱剂防治 利用美国白蛾性诱剂或环保型昆虫

趋性诱杀器诱杀成虫。在成虫发生期，把诱芯放入诱捕器内，将诱捕器挂设在林间，直接诱杀雄成虫，阻断害虫交尾，降低繁殖率，达到消灭害虫的目的。

4. 利用生物和化学药剂喷药防治　在幼虫危害期做到早发现、早防治。在防治中，重点检查桑树、悬铃木、臭椿、榆树、金银木、桃树、白蜡等树种是否有幼虫危害，如果有幼虫危害，就要对所辖区域检查一遍，及时防治。药剂首选生物防治：0.12 藻酸丙二醇酯（藻盖杀），2.5％高效氯氟氰菊酯微乳剂 1 500 倍液，Bt 乳剂 400 倍液，4.5％高效氯氰菊酯乳油 1 500 倍液喷雾。均可有效控制此虫危害。

5. 生物防治　周氏啮小蜂是新发现的物种，原产我国，却成为美国白蛾的天敌。

参考文献

[1] 何水涛,等.桃优质丰产栽培技术彩色图说[J].北京:中国农业出版社,2002.

[2] 梁慧聪,等.果树栽培[J].北京:中国林业出版社,2002.

[3] 罗新书,等.果树早期丰产技术[J].济南:山东科学技术出版社,1991.